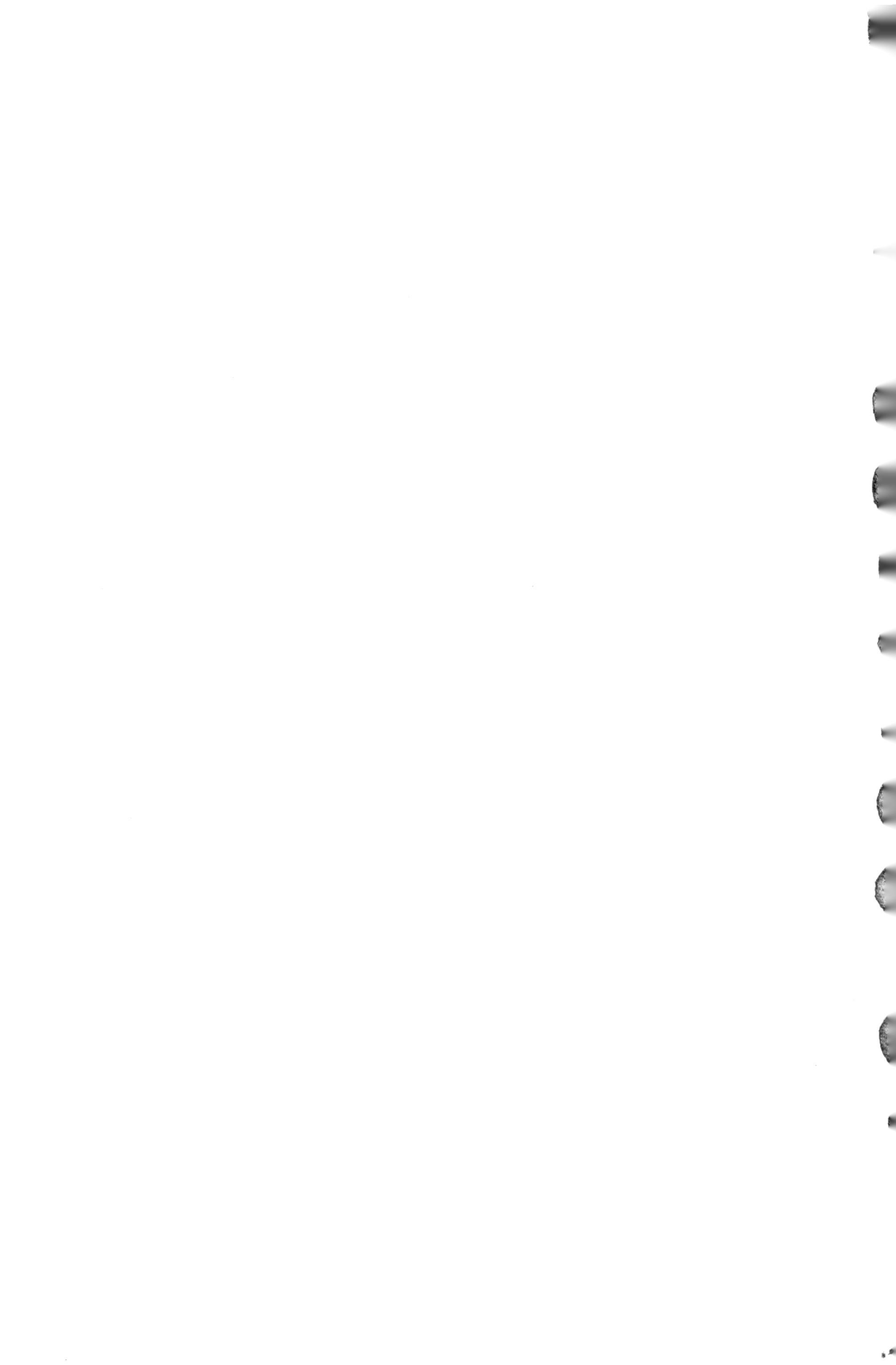

世界高端文化珍藏图鉴大系

稀世珍酿

世界高端葡萄酒鉴赏

WINE

任泉溪 / 主编

中国人口出版社
China Population Publishing House
全国百佳出版单位

图书在版权编目（CIP）数据

稀世珍酿：世界高端葡萄酒鉴赏 / 任泉溪主编 . —
北京：中国人口出版社，2020.11
（世界高端文化珍藏图鉴大系）
ISBN 978-7-5101-6943-4

Ⅰ . ①稀… Ⅱ . ①任… Ⅲ . ①葡萄酒—鉴赏—世界—
图集 Ⅳ . ① TS262.6-64

中国版本图书馆 CIP 数据核字 (2020) 第 083653 号

稀世珍酿：世界高端葡萄酒鉴赏

XISHI ZHENNIANG：SHIJIE GAODUAN PUTAOJIU JIANSHANG

任泉溪　主编

责任编辑：魏志国
排版制作：文贤阁
出版发行：中国人口出版社
印　　刷：北京市松源印刷有限公司
开　　本：787 毫米 ×1092 毫米　1/16
印　　张：18
字　　数：223 千字
版　　次：2020 年 11 月第 1 版
印　　次：2020 年 11 月第 1 次印刷
书　　号：ISBN 978-7-5101-6943-4
定　　价：128.00 元

网　　址：www.rkcts.com.cn
电子信箱：rkcts@126.com
总编室电话：（010）83519392
发行部电话：（010）83530609
传　　真：（010）83519401
地　　址：北京市西城区广安门南街 80 号中加大厦
邮　　编：100054

PREFACE
前言

古希腊哲学家苏格拉底曾经说过："葡萄酒能抚慰人们的情绪，让人忘记烦恼，使我们恢复生气，重燃生命之火。小小一口葡萄酒，会如最甜美的晨露般渗入我们的五脏六腑……葡萄酒不会令我们丧失理智，它只会带给我们满心的喜悦。"现如今，各种社交场合都少不了葡萄酒的身影，葡萄酒已成为时尚和品位的象征。可见，无论是古人还是今人都无法抵挡葡萄酒的魅力。

美丽的葡萄是静止的，它晶莹、纯洁，而经过压榨、发酵之后，葡萄汁像被赋予了灵魂，变成了令人回味无穷的玉液琼浆。一颗颗平凡的葡萄要经过漫长的等待，经过酿酒师潜心执着的倾注才能变成一杯令人欲罢不能的葡萄酒。当把葡萄酒注入玻璃杯的那一刹那，葡萄酒的醇香一下子就会散发开来，令人充满期待与愉悦。当我们倾斜酒杯，观看葡萄酒时，那光影变幻的颜色让人心醉神迷；当我们品味葡萄酒时，它那富有层次、复杂而充满不确定性的口感简直充满了魔力。

葡萄酒是人类文明的结晶，伴随着人类文明不断发展。它代表着高尚和浪漫，标志着一种生活状态。品味葡萄酒，就是品味纯粹无瑕的自然，品味厚积薄发的生命，品味悠远厚重的文化。一杯葡萄酒背后的价值，已远远超出它本身所具有的价值，它更是一种理念，一种态度，一种格调。

近年来，葡萄酒越来越受到国人的青睐，人们逐渐渴望了解更多的葡萄酒文化和内涵，渴望掌握购买、饮用和欣赏葡萄酒的知识。本书从实际出发，通过六个章节全面解读葡萄酒。第一章讲述葡萄酒的基本知识，包括葡萄酒的历史、分类、养生功效；第二章介绍关于酿酒葡萄和葡萄酒酿造的知识；第三章主要讲述餐酒搭配的技巧和应注意的问题；第四章讲述品鉴品酒的知识；第五章讲述葡萄酒选购和收藏的知识；第六章则带领读者畅游葡萄酒的产区。本书内容全面、通俗易懂、图文并茂，是葡萄酒爱好者入门的绝佳选择。

由于编者水平有限，加之时间仓促，书中难免会有疏漏之处，敬请广大读者批评指正。

目录 Contents

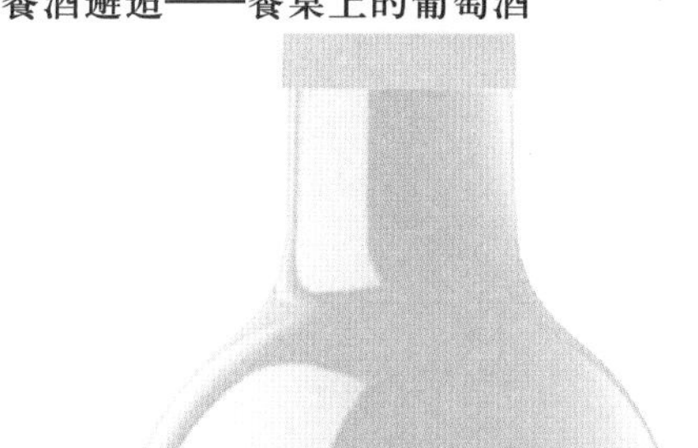

第三部分

餐酒邂逅——餐桌上的葡萄酒

第四部分

回味无穷——葡萄酒的品评鉴赏

第五部分

尊贵奢华——葡萄酒的选购和收藏

第六部分

漫游之旅——全球著名的葡萄酒产区

第一部分

1

醇美甘露——葡萄酒的基本知识

葡萄酒史话

关于葡萄酒起源于何时，由于历史太过于遥远，相关资料没有明确记载。业界认为，葡萄酒大概出现于一万年前。葡萄酒的诞生出于偶然，葡萄果粒成熟后掉落到地上，果皮破裂后，渗出的果汁与空气中的酵母菌接触而产生了最原始的葡萄酒。远古先民无意中尝到了这天然佳酿，就去模仿大自然的酿酒过程。因此，我们得出结论：葡萄酒的起源经历了一个从自然酿酒到人工造酒的过渡过程。

古埃及壁画中的酿酒内容

据相关资料可知，在一万年前的新石器时代，在濒临黑海的外高加索地区，即现在的安纳托利亚、格鲁吉亚和亚美尼亚，人们都发现了大量积存的葡萄种子，这表明当时人们不仅直接食用葡萄，还将其榨汁饮用。不少史学家认为，波斯（今伊朗）是最早的葡萄酒酿造地。而高加索、中亚细亚、叙利亚、伊拉克等地区是最早人工栽培葡萄的地区，后来葡萄因为战争、移民、航海等原因传到其他地区，初至埃及，后到希腊。在尼罗河河谷地带的埃及古墓中发现的大量证据证明，此地是葡萄酒的产地，如浮雕中清楚地描绘了古埃及人栽种、采收葡萄和酿制葡萄酒、饮用红酒的画面。此外，在埃及出土的古王国时代的酒壶上也刻着“伊尔普”的字样，而“伊尔普”在埃及语中是葡萄酒的意思。欧洲最早开始种植葡萄与酿制红酒的国家是希腊，人们将种植的大部分葡萄用于酿酒，酿好的葡萄酒被装在一种特殊形状的陶罐里，用于与埃及、叙利亚、黑海地区、西西里和意大利南部地区的人们进行贸易。葡萄酒除了用于贸易，也是希腊宗教仪式的一部分，希腊人会举行葡萄酒庆典以表示对神话中的酒神的崇拜。

有关葡萄酒酿造的绘画和雕塑

公元前 6 世纪，希腊人的葡萄栽培和葡萄酒酿造技术传到了罗马，罗马人开始在意大利半岛全面推广葡萄酒，葡萄酒成为罗马文化生活中重要的组成部分。随着罗马帝国势力的扩张，葡萄酒又迅速传遍法国东部、西班牙、英国南部、德国莱茵河流域和多瑙河东岸等欧洲地区。公元 5 世纪，罗马帝国灭亡。之后，基督教在很大程度上促进了葡萄酒的发展。因为在弥撒典礼中基督教徒需要用到葡萄酒，他们把葡萄酒视为圣血，这在很大程度上促进了葡萄的种植和葡萄酒酿造。修士用尝土壤的方法来辨别土质，培育了当时欧洲最好的葡萄品种。至今仍受人们欢迎的法国勃艮第地区的红酒，就是西多会教会的修道士对葡萄品种进行研究与改良后酿成的。15 世纪和 16 世纪，欧洲质量最上乘的葡萄酒大多出自修道院。此期间葡萄栽培和葡萄酒酿造技术又传入南非、澳大利亚、新西兰、日本、朝鲜等地。

葡萄酒文化

美国葡萄园

哥伦布发现新大陆后，西班牙和葡萄牙的殖民者、传教士又将欧洲的葡萄品种带到南美洲，在墨西哥、加利福尼亚半岛和亚利桑那等地栽种。后来，英国人试图在北美洲的大西洋沿岸栽种葡萄，但由于根瘤蚜、霜霉病和白粉病的侵袭以及气候条件的限制，此地没有实现葡萄栽培。直到葡萄种植引用了嫁接技术，病虫害得到抑制，北美洲和美国的葡萄酒业才逐渐发展起来。现在南北美洲都酿造葡萄酒，阿根廷、智利与墨西哥等地都有著名的红酒产区。

到了17世纪和18世纪，法国成为名副其实的葡萄酒王国，波尔多和勃艮第两大产区的红酒分别代表了两种不同类型的高级葡萄酒，波尔多产区的较为醇厚，而勃艮第的更为优雅。但是，这两大产区产的葡萄酒是无法满足世界市场的需求的。于是从20世纪六七十年代开始，一些酒厂和酿酒师便开始在世界范围内寻找适宜种植优质葡萄的地区，同时改进酿造技术，这样全世界的葡萄酒事业便随之兴旺起来。从全球来看，生产红酒的国家基本上分为“新世界”和“旧世界”两个阵营。“旧世界”以拥有悠久酿酒历史的欧洲国

法国葡萄酒庄园

酒庄内部

家为主，包括法国、德国、意大利、西班牙和奥地利等。“旧世界”注重传统，推崇手工酿酒工艺，代表着葡萄酒文化的主流。而“新世界”则由新兴的红酒生产国家组成，包括中国、美国、澳大利亚、新西兰、智利、阿根廷、南非等。“新世界”的特点是采用现代科技进行工业化酿造，并注重新型的市场开发技巧，他们开创了多彩多姿的葡萄酒潮流。

现如今，红酒产量最多的仍是欧洲，其中意大利的葡萄酒产量居世界之首。

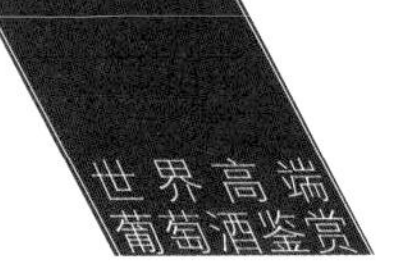

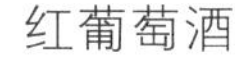

红葡萄酒

葡萄酒的分类

按颜色划分

红葡萄酒

红葡萄酒就是颜色红润的葡萄酒，其因颜色美丽，在庆祝活动中被频繁使用。红葡萄酒是选择皮红肉白或皮肉皆红的红皮葡萄带皮酿造而成的，在发酵过程中要将葡萄皮连同葡萄汁一起浸泡发酵，然后进行分离陈酿。因为酿成的酒中含有较多的色素，故而会呈现出红宝石色、紫红色、石榴红色、深红色、棕红色等绚丽色彩。

夏莎桃红葡萄酒

桃红葡萄酒

桃红葡萄酒又称为“粉红葡萄酒”或“玫瑰红葡萄酒”，其颜色呈桃红、粉红或玫瑰红。酿制桃红葡萄酒既可采用红葡萄，也可采用白葡萄，在酿制过程中葡萄皮与葡萄汁结合的时间不能太长，达到需要的颜色后就要把皮滤掉，然后再发酵、陈酿。桃红葡萄酒颜色清新，果香味较浓，很适合女性饮用。

白葡萄酒

白葡萄酒并不是白色的，其酒体颜色是偏黄的，分为近似无色的淡黄色、偏绿的微黄色、浅黄色、禾秆黄色、金黄色等几种。白葡萄酒是用白葡萄或红皮白肉的红葡萄榨汁后酿制而成，与红葡萄酒不同的是，酿制时必须先将果皮与汁液分离，然后再榨汁，以免葡萄汁染上红色。其中，霞多丽、琼瑶浆和白葡萄甜酒的颜色会随着储存时间的增加而越来越黄。

白葡萄酒

智利蒙特斯晚收贵腐甜白葡萄酒

按酒内糖分划分

甜葡萄酒

甜葡萄酒的含糖量每升超过 40 克，是用含糖量高的葡萄酿制而成的。酿制过程中，在发酵尚未完成时即停止发酵，使糖分保留在 4％左右。甜葡萄酒的颜色各不相同，因此还可细分为甜红葡萄酒、甜白葡萄酒、甜桃红葡萄酒。甜葡萄酒还包括酸甜适宜的冰葡萄酒和香甜芬芳的贵腐酒。

法国红盾皇家半甜起泡葡萄酒

半甜葡萄酒

半甜葡萄酒是指含糖量为每升 12~50 克的葡萄酒。它在饮用时虽不像甜葡萄酒那样甜，但也能感觉到明显的甜味，并且很清爽。根据颜色的不同，可分为半甜红葡萄酒、半甜白葡萄酒、半甜桃红葡萄酒。日本人和美国人比较喜欢饮用半甜葡萄酒。

意大利波尔图贝尔
半干型红葡萄酒

半干葡萄酒

半干葡萄酒是指含糖量为每升 4~12 克的葡萄酒，口感微甜，酒中的葡萄原汁约占 50％，其他的成分为糖、酒精、水和其他辅料。其根据颜色的不同分为半干红葡萄酒、半干白葡萄酒和半干桃红葡萄酒。欧洲与美洲是半干葡萄酒的主要消费市场。

干葡萄酒

干葡萄酒也称“干酒”，是指含糖量为每升不到4克的葡萄酒。在酿酒时，葡萄汁中的糖分几乎完全转化为酒精，饮用时几乎尝不到甜味，带有干涩味或微苦味。由于干酒糖分极少，所以可以充分体现葡萄酒的风味，而且也不会引起酵母的再发酵和细菌的生长。通常所说的干红、干白都属于干葡萄酒。

智利蒙特斯欧法莎当妮干白葡萄酒

按二氧化碳的含量划分

静态葡萄酒

静态葡萄酒也叫“静止葡萄酒”“无起泡酒”或“静酒”，是指不含二氧化碳或含很少二氧化碳的葡萄酒，酒精含量为 8%~13%。静态葡萄酒没有进行第二次瓶中发酵，在 20℃时不起泡。静态葡萄酒是葡萄酒的主流产品，包括红葡萄酒、白葡萄酒和桃红葡萄酒。

美国舒特家族桃红葡萄酒

起泡葡萄酒

起泡葡萄酒是一种富含二氧化碳的葡萄酒，专业解释是在 20℃时，二氧化碳压力大于 0.5 巴的葡萄酒，会冒泡泡，在各种喜庆的场合常会看到它的身影。酒中二氧化碳主要有三个来源：第一种是直接向酒内注射二氧化碳气体；第二种是先在罐中进行第二次发酵，将待发酵的酒在一个有压力的大容器内统一加工，保留发酵产生的二氧化碳气体后灌装；第三种是在密封的瓶中加入糖和酵母的混合物，这样配成的酒会进行第二次发酵，这是传统酿造法，又称香槟酿造法。在欧洲，起泡葡萄酒常用作餐前开胃酒，饮用前冰镇至 8~12℃口感更佳。而美国人喜欢饭后搭配甜点来饮用起泡葡萄酒。饮用起泡葡萄酒最好选择细高的香槟杯，这样可以细致地观赏到气泡的层次，增加情趣。

西班牙菲斯奈特
金牌起泡葡萄酒

按酿造方法划分

天然葡萄酒

全采用葡萄原料进行发酵，发酵过程中不添加糖分、酒精、香料，用提高原料含糖量的方法来提高成品酒精含量，并控制残余糖量。

天然葡萄酒

马爹利白兰地

特种葡萄酒

特种葡萄酒是指在酿造过程中使用特殊方法制成的葡萄酒，下面我们介绍白兰地、雪莉酒、冰酒、贵腐酒、利口酒这几种。

白兰地

白兰地一词，最初来自荷兰文“Brandewijn”，是“烧制过的酒”的意思。白兰地是指以水果为原料，经过发酵、蒸馏、贮藏后酿造而成的烈性酒。白兰地是一种蒸馏酒，以葡萄为原料的蒸馏酒叫葡萄白兰地，就是我们通常提到的白兰地。白兰地还可以用其他水果来酿制，如苹果白兰地、樱桃白兰地等，但它们的知名度比较小。

白兰地

雪莉酒

雪莉酒

雪莉酒（Sherry）是将白兰地加入到正在酿造的葡萄酒中，终止其发酵而形成的一种强化型葡萄酒。雪莉酒原产于西班牙南部的安达鲁西亚省的赫雷斯地区，雪莉（Sherry）即赫雷斯的英文地名。雪莉酒的酒精含量为 15% ~20%，酒液颜色主要是清澈的浅黄色、深褐色或琥珀色，口味柔和，香气芬芳浓郁。雪莉酒可细分为菲诺和欧罗索两种。菲诺在制作过程中，葡萄酒表面会形成一层酵母薄膜，这层薄膜可以防止氧化、减少酒的酸度，使酒的味道更鲜美。在制造欧罗索时会在葡萄酒中添加 16% 以上的酒精，以阻止酵母薄膜的繁殖和形成，因此酒液的颜色会更深，并带有坚果味。

冰酒

冰酒（Icewine）是一种甜葡萄酒，是用在葡萄树上自然冰冻的葡萄酿造而成的。冰酒的诞生是出于偶然。1794 年，德国弗兰克尼的葡萄园遭受霜害，为了不浪费这些葡萄，酿酒师将冰冻的葡萄压榨后进行酿酒，结果酿出来的酒甘甜味美、香醇可口，冰酒便由此诞生。经过 200 多年的发展，冰酒已经成为酒中珍品。酿制冰酒要求冰葡萄的采收时间比正常葡萄晚 2~3 个月，而且必须在气温连续 12 小时以上保持在 -8℃时才能采收。由于酿造冰酒对气候条件是有要求的，因此世界上能够酿制出高品质冰酒的地方只有德国、法国、加拿大、奥地利和中国等少数几个国家的特定地点。冰酒主要可以分为冰白葡萄酒和冰红葡萄酒。冰白葡萄酒的颜色为金黄色，清澈透明，被誉为“液体黄金”，口感甘甜醇厚，清新可口。冰红葡萄酒呈深红宝石色，果味纯正，入口甘甜。

加拿大云惜冰酒

被称作“液体黄金”的冰酒

贵腐酒

贵腐酒为甜型白葡萄酒，之所以被称为“贵腐酒”，是因为它是利用感染了贵腐菌的赛美蓉、长相思等白葡萄酿制的。贵腐菌是一种很特殊的菌类，它若附在尚未成熟的葡萄皮上，葡萄就会腐烂；但它若附在已经成熟的葡萄皮上，则会穿透葡萄皮，促使葡萄中的糖分、有机酸等高度浓缩，从而使酿造出的酒果香微弱，口味浓厚，酒体丰满。酿造时，

法国蒙巴济亚克金猫头鹰贵腐酒

为了保持贵腐酒的甜度，必须在自然发酵的过程中加入白兰地或二氧化硫使其停止发酵。贵腐酒刚酿造出来时是金黄色的，贮藏一段时间后则会变成琥珀色或橘红色。世界上最有名的三种贵腐酒，分别为德国的金冰王－特罗肯比勒瑙斯利泽酒（Trockenbeerenauslese）、法国的苏特恩白葡萄甜酒（Sauternes）和匈牙利的托凯酒（Tokaji）。

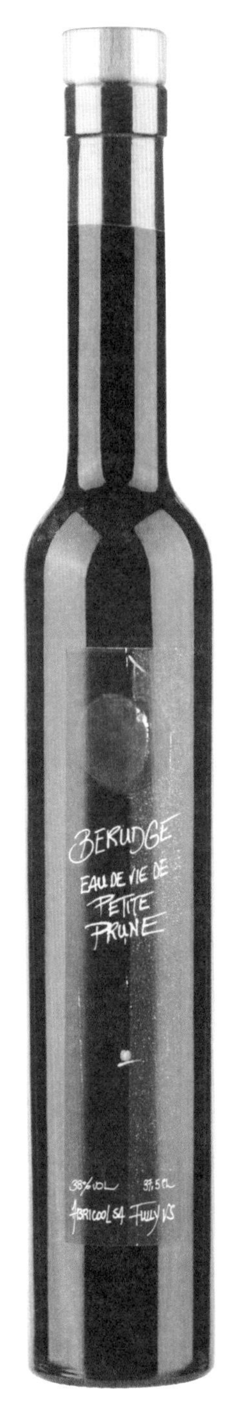

利口酒

利口酒

利口酒是在葡萄酒或白兰地、威士忌、朗姆、伏特加等的基础上，再加入果汁、糖浆、香料以及植物的根、茎、叶后，经过蒸馏、浸泡、熬煮等过程而制成的酒精含量在15％～22％的口感偏甜的酒。利口酒种类五花八门，有水果类利口酒、奶油类利口酒、香草类利口酒、咖啡类利口酒等。利口酒颜色丰富，有红色、黄色、蓝色、绿色和复合色彩等。利口酒气味芬芳，口味甘甜，适合饭后单独饮用。由于其颜色鲜艳、含糖量高，还经常用来调配鸡尾酒，烘烤甜点、制作冰激凌和布丁也常会用到它。

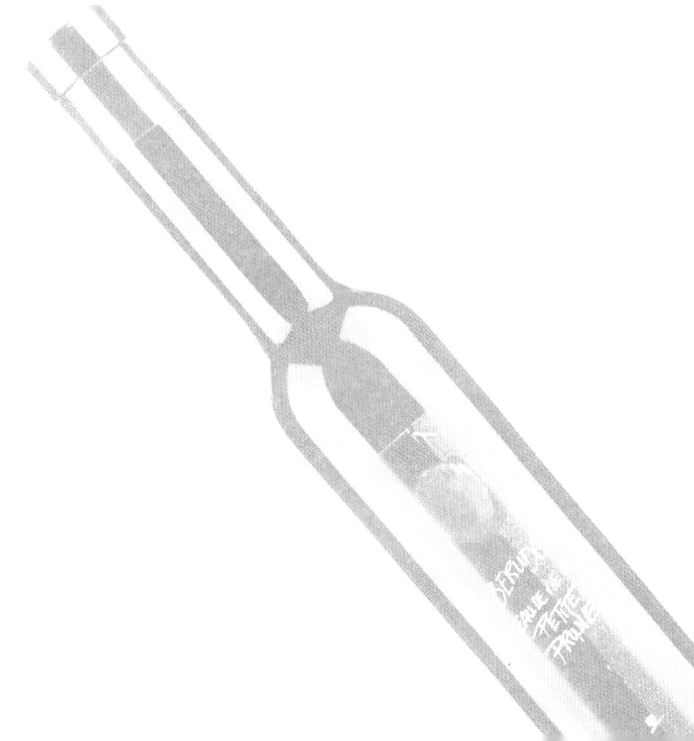

鸡尾酒

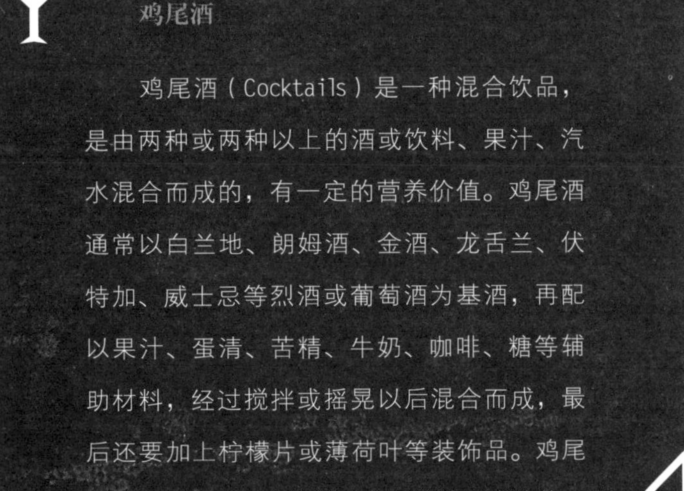

鸡尾酒

鸡尾酒（Cocktails）是一种混合饮品，是由两种或两种以上的酒或饮料、果汁、汽水混合而成的，有一定的营养价值。鸡尾酒通常以白兰地、朗姆酒、金酒、龙舌兰、伏特加、威士忌等烈酒或葡萄酒为基酒，再配以果汁、蛋清、苦精、牛奶、咖啡、糖等辅助材料，经过搅拌或摇晃以后混合而成，最后还要加上柠檬片或薄荷叶等装饰品。鸡尾酒色彩缤纷，口感独特，有一定的观赏价值，深受年轻人喜爱。

按饮用方式划分

不同的葡萄酒适用于不同的饮用时间和场合，据此我们可将葡萄酒分为开胃葡萄酒、佐餐葡萄酒和待散葡萄酒。

开胃葡萄酒

开胃葡萄酒一般是在一些酒中添加了少量可食香味物质后混合而成的加香葡萄酒，其酒精含量不高，在餐前饮用。西方国家的人都有餐前喝开胃酒的习惯，如巴黎男性一般都在餐前喝掺了水的利口酒，而巴黎女性则大多把基尔酒作为开胃酒，即将醋栗利口酒加入白葡萄酒中饮用。

干红葡萄酒

佐餐葡萄酒

佐餐葡萄酒是和正餐搭配饮用的，一般会选一些含糖量低、不起泡的干型葡萄酒，如干红葡萄酒、干白葡萄酒等。葡萄酒种类丰富、口味众多，可以和众多菜品搭配，基本上每款菜品都能找到适合与其搭配的葡萄酒。如果搭配得当，还能为菜肴增色。

待散葡萄酒

待散葡萄酒又被称为“餐后葡萄酒”，人们一般会选择一些加强的浓甜葡萄酒在餐后饮用，如利口酒、雪莉酒、波特酒等。法国人非常喜欢餐后喝点甜利口酒，以更好地消化食物。

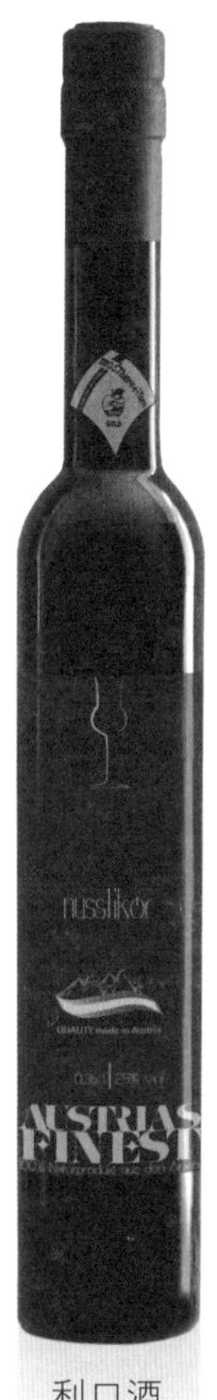

利口酒

各类葡萄酒

葡萄酒的养生功效

抗菌、杀菌

除了多种氨基酸、有机酸、维生素、多酚等成分能够提高人体的自身免疫力以外，葡萄酒中来自葡萄表皮、橡木桶中的单宁成分还具有一定的抗菌、杀菌能力。葡萄酒中的抗菌成分能有效地杀死诸如链球菌、葡萄球菌等危害口腔与上呼吸道健康的细菌，从而使口腔、呼吸道远离这些细菌的侵袭。因为葡萄酒中所含有的糖与酸性成分同样会对牙齿造成一定程度的腐蚀，尤其是酸度相对较高的白葡萄酒，它对人体牙齿的腐蚀能力会更强一些，因此人们最好在饮用白葡萄酒时搭配食物，而不是单独饮用。此外，人们应在饮用葡萄酒后 30 分钟左右漱口、刷牙，这样既减轻了葡萄酒对牙齿的腐蚀，又能避免牙刷对酸性腐蚀后的偏软牙齿表面造成二度损伤。

延缓衰老

随着时光的流逝与岁月的侵袭，人们在承受工作与生活中的巨大精神压力的同时，也承受着外部环境中的辐射、污染以及诸如吸烟等个人不良嗜好的侵袭。在大量的物理接触与化学反应中，数量众多的具有不成对电子结构的活性基因——自由基就如同一群肆意游荡的“小偷”，衍生在人们的周围，时时刻刻寻找着向目标下手的机会。众所周知，人们每天的餐饮中所摄取的大量新鲜蔬菜与水果中的营养成分就具有很好的清除自由基的效果。而营养学家发现，以葡萄作为主要原料的葡萄酒不仅富含人体所需的多种氨基酸、维生素，还含有原花青素、单宁等高效抗氧化、抗菌、抗过敏成分，成为终结无形杀手——自由基的利器，它还是一种高效、优质的碱性饮品，能够很好地调节人体体液的平衡，从而帮助维持人体健康所需的弱碱性状态。

因此，自古以来人们就将葡萄酒作为一种延缓衰老、强身健体的保健佳品而饮用至今。

预防心脑血管疾病

随着人们生活水平的日益提高，在不科学、不健康的饮食结构与饮食规律的共同作用下，高血压、高血糖、高血脂等所谓“富贵病”的威胁已越来越逼近人类健康的底线。心脑血管疾病患者群体的规模扩大化、低龄化也变得越发明显与严重，逐渐成为社会各界格外关注的对象。而葡萄酒以其众所周知的降低人体胆固醇、调节高密度脂蛋白胆固醇与低密度脂蛋白胆固醇比例的能力，成为各类酒精饮品中当之无愧的“天赐佳酿”。

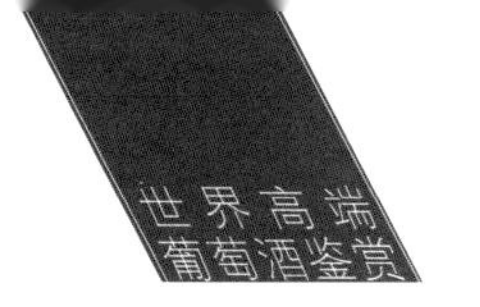

通常来说，负责将胆固醇运输到人体各个细胞的低密度脂蛋白胆固醇以非氧化的状态存在，但一旦其变身为氧化低密度脂蛋白，就会成为造成血管内壁沉积、危害动脉的“终极杀手”。而负责将人体血液中的多余胆固醇运输回肝脏分解、代谢的高密度脂蛋白胆固醇则就是成为这些“终极杀手”的克星。高密度脂蛋白胆固醇不但具有降低人体血液中胆固醇的作用，更能有效地化解、清除那些潜藏于人体动脉中的、时刻威胁人们健康的氧化低密度脂蛋白。葡萄酒中含有的原花青素、单宁等抗氧化成分不仅可以降低人体血液中的胆固醇含量，还能增加高密度脂蛋白胆固醇的比例，从而有效地抑制低密度脂蛋白胆固醇的氧化，达到疏通、软化血管，促进血液循环，预防和抑制各类心脑血管疾病发生与发展的目的。因此，营养学家建议人们在远离吸烟等不良嗜好、适当身体锻炼的基础上，减少猪牛羊肉等高脂类食物的摄取，多食鱼类、豆制品、富含纤维的谷物或面包，每日适量饮用葡萄酒（以每天不超过 100 毫升为宜），来降低体内胆固醇的总量，提高血液中高密度脂蛋白胆固醇的含量，从而远离心脑血管等疾病的威胁与侵害。

此外，尽管葡萄酒中白藜芦醇的含量不高，这些源自葡萄果皮的天然成分在每升红葡萄酒中含量仅仅为 1 微克左右，而酿造过程中与葡萄果皮接触甚少的白葡萄酒的白藜芦醇的含量则更低，但是当人们饮用葡萄酒后，白藜芦醇抑制血液中血小板凝集的效果却非常明显，且效果持续的时间之长令人惊叹。

饮用适量的葡萄酒

大量的调查统计资料显示，每天适量饮用葡萄酒的人患有心脑血管疾病的概率比滴酒不沾的人整整降低了 50%。这就是每天同样摄取大量脂肪与胆固醇的法国人，其患有心脏病的概率却大大小于其他同类饮食人群的原因之一。

预防癌症

癌症作为现今社会威胁人类健康的天敌，使多数人“谈癌色变”。这个邪恶的病魔在带走人们身边一个个活生生的生命的同时，给传统医疗科学留下了一道似乎难以完成的课题。

然而，研究人员通过不断实验，发现从葡萄果皮中所提取的微量元素——白藜芦醇，可以有效地预防人体的健康细胞发生癌变，限制癌细胞的扩散与活动能力。这个发现成为人类历史上抵御和战胜癌症病魔的漫长道路上的一个重要的转折点，为更多的癌症患者带来了新的希望。

人们应科学而有节制地选择红葡萄酒的饮用频率与分量，长期适量地饮用葡萄酒才能有效地提高人体的免疫力，逐步远离癌症的风险与困扰。

预防肾结石

如果人们长期适量饮用葡萄酒，葡萄酒中有利于人体的氨基酸、有机酸等成分就会被人体吸收与分解，从而促进消化与新陈代谢。特别是部分白葡萄酒中所富含的酒石酸钾、硫酸钾等成分，还具有维持人体内酸碱度平衡和利于排尿的作用，从而达到预防肾结石的良好效果。

研究人员通过长期大量的跟踪统计发现，饮品种类与饮用量的不同对于人体患结石病症概率的影响也有着较大的差别。其中，人们每天饮水量超过 2.5 升的人比每天饮水量低于 1.4 升的人患结石病的概率要低 38％；在每天同样保持 250 毫升饮用量的条件下，饮用咖啡可以降低 10％患结石病的概率，饮用红茶可以降低 14％患结石病的概率，而饮用葡萄酒则可以降低 36％患结石病的概率。由此可见，在预防肾结石方面，每天适量地饮用葡萄酒确实有着非同一般的成效。

减肥瘦身

葡萄酒中的糖分与酒精在被人体吸收、分解、代谢的同时，能够提供一定程度的热量，从而达到活血暖身、促进新陈代谢、释放体内水分的作用。葡萄果皮中含有的白藜芦醇也能够激发人体肌肉纤维对氧气的大量消耗，从而消耗掉更多的能量。

近年来，科学研究人员发现，葡萄酒中多酚的含量受酿酒葡萄的品种、果实成熟程度、酿造加工及储存等方面的影响。这些多酚成分可以有效地抑制人体对高脂食物中脂肪的吸收，这一点在人们食用油腻、高脂类食物时表现得尤为明显。同时，就餐中饮用葡萄酒还可以解除油腻口感、促进食欲、加快胃肠消化。

适量饮用葡萄酒可以放松精神、释放压力，使人的心情愉悦，从而减少现代人尤其是女性因压力过大而造成的睡前摄取过量食物的情况。而且葡萄酒本身就富含可供人体日常所消耗的水及其他营养成分，可以减少许多其他食物的摄取，从而达到减肥的效果。

美容养颜

在现实生活中，人们渴望回归自然，亲近一切美好的事物。而葡萄酒这件大自然送给人们的最珍贵的礼物既源于自然，又归于美好，总让人们不由得对其迸发出无限的期冀、爱慕与渴望。俗话说“爱美之心，人皆有之”，千古不变的定律时至今日依然安然接受着人们的期待与追逐。

在为数众多的美容饮品中，葡萄酒一枝独秀，独自撑起一片属于它自己的天空，其实这主要得益于拥有“神奇效果”的葡萄果皮与葡萄籽的倾力加盟。

葡萄果皮与葡萄籽富含原花青素与单宁等成分，其中有着“皮肤维生素”之称的原花青素有着 20 倍于维生素 C、50 倍于维生素 E 的超强抗氧化能力，从而能在一定程度上清除人体中大量存在或衍生出来的自由基，减轻人体细胞组织被自由基氧化的程度，维护并控制人体内自由基的活跃程度与平衡。

除了延缓衰老、恢复皮肤紧致的作用，原花青素还有助于生成、保护、修复皮肤组织内的胶原蛋白与弹性纤维结构，从而使皮肤重现光泽、弹性、美白与活力。经常适量饮用红葡萄酒，其中所含有的大量葡萄糖与矿物质铁等成分，对于女性缓解低血糖、补铁、解除疲劳等方面也有着一定的效果。

此外，将红葡萄酒涂抹于面部或体表，其所含的原花青素还能有效阻隔紫外线，减轻人们在日常工作与生活中常见的辐射侵害。而红葡萄酒中所富含的果酸成分还可以去除皮肤角质、促进皮肤新生、淡化色斑，恢复肤质原有的光滑、水嫩。

红葡萄酒中具有良好的抗氧化作用的多酚和寡糖，既能直接保护肌肤，促进肌肤的新陈代谢，防止皱纹的形成、皮肤松弛、脂肪积累等，也能间接地抑制黑斑的形成。当然，如果皮肤上已经出现了黑斑，饮用红葡萄酒虽然不能祛除黑斑，但却能让肌肤变得更年轻、更富有弹性。因此，每天饮用 1~3 杯干红葡萄酒，也是美容的良方。

法国女子皮肤细腻、润泽而富有弹性，这与经常饮用红葡萄酒有关。红葡萄酒能防衰抗老，使皮肤少生皱纹。除饮用外，还有不少人喜欢将红葡萄酒涂抹于面部及体表，因为低浓度的果酸有抗皱洁肤的作用。

虽然饮用红葡萄酒的好处非常多，然而也有量的限制。专家认为，饮用红葡萄酒，按酒精含量12％计算，每天不宜超过250毫升，否则于健康无益。

第二部分

2

玉液琼浆——酿酒葡萄种植与葡萄酒酿造

酿酒葡萄的主要品种

大致来说，葡萄应该分为两种，一种是酿造葡萄酒专用的葡萄；另一种是食用性葡萄。专门用来酿酒的葡萄比食用性葡萄要小，和山谷里的山葡萄很像，我们日常吃的葡萄是不适合酿葡萄酒的。

酿酒葡萄

葡萄园

全世界可以用来酿酒的葡萄品种有 8000 种之多，但可以酿制出高质量葡萄酒的葡萄品种却只有大约 50 种，我们可将其主要分为红葡萄和白葡萄两种。白葡萄的颜色多为青绿色或黄色，是酿制起泡酒及白葡萄酒的主要原料。红葡萄的颜色有黑色、蓝色、紫红色、深红色几种，果肉既有深色的，也有和白葡萄一样是接近无色的，白肉的红葡萄去皮后也可以用来酿造白葡萄酒。

红葡萄

黑比诺

黑比诺是法国勃艮第最有名的红葡萄品种，同时，在阿尔萨斯、汝拉和比热等地也有种植。黑比诺属于早熟类型的酿酒葡萄，对环境和栽培的要求较为苛刻，适宜生长在寒冷地区，种植时需要耐心呵护，因此世界上只有少数地区能够种出高质量的黑比诺。黑比诺酿出的葡萄酒色泽清丽柔和，口感细致顺滑。初酿造出的成酒通常带有夏季水果的芳香，经过数年后可形成一种野味肉香。黑比诺在酿酒时一般不与其他葡萄混合。除了酿造红葡萄酒外，它还常用来酿造香槟酒。

黑比诺

赤霞珠

赤霞珠

赤霞珠是极其名贵的红葡萄品种，是酿造高品质红酒葡萄的上乘原料，原产地为法国波尔多地区的波雅克。赤霞珠能较好地适应不同的环境，因此种植范围较广，在许多国家都有种植。其主要产区位于法国波尔多地区以及法国西南部，卢瓦尔区、普罗旺斯和朗格多克等地也有种植。赤霞珠的特点是颗粒小、皮厚、晚熟，酿造出的酒颜色较深，单宁含量高，最初的味道有黑加仑子的果香，随后果香会消失，慢慢形成青椒、香草、咖啡、乡土等味道。由于单宁味重，成酒耐储藏，真正的赤霞珠可陈化 15 年或更久。大部分赤霞珠酒主要以赤霞珠为原料，再搭配其他品种，以增加其芳香，降低涩味。

西拉

西拉是一种古老的红葡萄品种，栽培历史悠久，原产于法国罗纳河谷，后被澳大利亚引进，长势良好。西拉葡萄的特点是颗粒大、皮深黑、晚熟，用其酿成的葡萄酒颜色深，单宁含量高，适合陈酿。澳大利亚和智利还生产用西拉和赤霞珠混合酿制的葡萄酒，这种酒的口感厚重而柔和。

西拉

美乐

美乐是18世纪末才出现的葡萄品种，且后来居上，大受酿酒师欢迎，目前世界上美乐葡萄的种植面积已经超过赤霞珠。其特点是皮薄，粒大，色浅，单宁含量低，早熟。用美乐制成的葡萄酒适合新鲜时饮用。美乐还可以和赤霞珠搭配酿造，以柔和赤霞珠的刚烈，使酿出来的酒更醇和。用美乐酿造的柏图斯酒（Chateau Petrus）口感细腻、厚重，余韵绵长，耐久藏。

美乐

佳美

佳美

佳美的原产地为法国勃艮第，现在的主要产区在薄若莱，同时在安茹、都兰、萨瓦、奥弗涅等地也有种植。用佳美酿造的葡萄酒颜色呈紫红色，单宁含量非常低，口感清淡柔顺，富含清新果香，不适宜陈酿，酿成装瓶后最好在两年内饮用。

金芬黛

金芬黛，原本产于克罗地亚，19 世纪由意大利传入美国加利福尼亚后被广为种植，此后才逐渐被人们熟知。金芬黛适宜生长在较凉爽的砾石坡地，酿制的酒颜色深，酒精含量高，单宁酸的含量中等或偏高，具有果香或香料等味道。金芬黛多用来酿制餐酒和半甜型白酒或起泡酒。

金芬黛

品丽珠

品丽珠

品丽珠原产地为法国波尔多，它成熟速度快，能够抵御寒冷的气候。用品丽珠酿造的葡萄酒富有果香，且酸度低，口感清淡而柔和。酿造时常和赤霞珠、美乐相配，以增加葡萄酒的口感和魅力，如拉菲酒。而在中国，著名的解百纳就是用品丽珠与赤霞珠、蛇龙珠混合酿造的。

内比奥罗

内比奥罗葡萄是意大利最有名的红葡萄品种，它富含果酸，高色素，高单宁，晚熟。酿成的葡萄酒颜色艳丽，芳香浓郁，口感厚重。

内比奥罗

桑娇维塞

桑娇维塞

桑娇维塞葡萄是意大利第二大红葡萄品种，色素少、酸度高、香气重。意大利基安蒂产的葡萄酒就主要是用桑娇维塞酿造的，酒味清爽，但古典基安蒂葡萄酒却浓郁厚重。

霞多丽

白葡萄

霞多丽

霞多丽是世界上种植最广泛的白葡萄，早熟耐寒，水果味浓重。种植在温带地区的，带有柠檬味、柑橘味；靠近热带地区的，带有香蕉、菠萝的香味。霞多丽一般单独酿酒，但也可以和黑品诺等红葡萄混合酿造起泡酒。而由纯霞多丽制成的起泡酒在酒标上会写有“BlancdeBlanc”的字样。由霞多丽酿成的白葡萄酒是可以经橡木桶陈酿的。

雷司令

雷司令是德国的主要白葡萄品种，晚熟耐寒。雷司令口感偏酸，有淡雅的花香及果香。用雷司令酿制的葡萄酒细致、均衡，香气十足，口感浓郁而不失高雅。

雷司令

莎当妮

莎当妮是全世界最负盛名的白葡萄品种，是勃艮第种植的唯一的白葡萄品种。莎当妮可以很好地适应不同的土壤，又很容易酿造，成酒还很受欢迎，因此几乎每一个生产葡萄酒的国家都种植着莎当妮。气候条件各异的不同产区的莎当妮的风格和口味差异较大。在凉爽地区种植的莎当妮酿出的酒会有苹果味，在较温暖的地方种植的会有苹果香或菠萝和水蜜桃味，有的还会带有泥土或矿物质的气味。它既可以单独酿制，也能与其他品种互相调配，还可以酿制香槟。莎当妮制成的白葡萄酒是少数可贮藏的品种之一，酒很有力道，酒龄较短时颜色浅黄中带绿，果香浓郁而爽口，随着酒龄增加，颜色转变为黄色或金黄色，新鲜的水果味不复存在，转变为各种各样的复杂口味。

莎当妮

长相思

长相思

长相思的原产地位于法国的卢瓦尔河谷。长相思酿出的酒口味比较独特，带有一种很突出的青草味、草药味和椒香味，酸味较重，给人很清爽的感觉。其口味会受产地、酿制方法的影响。纯长相思不适宜陈酿。酿制时多会混配赛美蓉，以平衡其酸味和香味的复杂度，增加口感。

赛美蓉

赛美蓉原产于法国波尔多地区，后被引入澳大利亚，得以推广。其特点是粒小、皮薄、糖分高。通常与长相思混合酿酒，也可以和霞多丽混合，容易感染贵腐菌，从而可以制成质量上乘的甜酒。

麝香

麝香含糖分较多，气味芬芳。为保留其芳香，一般采用不充分发酵的酿制法制成甜酒，适合新鲜时饮用。有时会和烈性葡萄酒搭配酿制，以提高酒精浓度。

灰比诺

灰比诺在意大利东北部是一种重要的葡萄品种。它虽然是一种白葡萄，但是颜色却是粉红中带灰的，需要栽培在深层土壤中。酿出的酒酒体适中或丰满，酸度较低，香气中等，有时候会带有果皮味。在法国阿尔萨斯、奥地利、德国，灰比诺常被用来酿制晚摘葡萄酒和贵腐甜酒。

白比诺

白比诺源自黑比诺，并在灰比诺中再繁殖出来。白比诺对种植环境要求较苛刻，只有那种外形较圆滑的成熟白比诺，才可以完美地表现出它的特性，否则它应有的香味就不容易散发出来。白比诺酿造出的酒呈淡金黄色，澄清发亮，有悦人的果香，柔和爽口，醇厚圆润，酒质上等。

白比诺

白葡萄

白谢宁 / 白诗南

白谢宁原产自法国卢雅尔河谷，制成的葡萄酒常带有蜂蜜和花香味，口味浓郁，酸味较重，不适宜长期贮藏。白谢宁很适合酿制干白酒和起泡酒，也可以酿制贵腐甜白酒。

密斯卡岱

密斯卡岱酸度低、糖分高、香气重、口感柔和。在酿制其他品种葡萄酒时通常加入少量的密斯卡岱以增加酒的香甜。

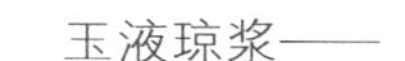

什么叫酒体?

酒体是指喝葡萄酒时所感受到的味道的浓淡厚薄，其实就是说酒醇厚度。由于葡萄酒中的酒精、甘油及葡萄汁的共同作用，使得含在口中的葡萄酒会给人带来或丰满或乏味的感受。我们通常说酒体清淡、适中、丰满。有黏度的葡萄酒比一般的葡萄酒更厚重、更浓郁，这种葡萄酒经常出现“挂杯”现象，拉菲的“挂杯”就很美。葡萄酒中各种成分相互作用、相互影响，当酒中各成分都协调一致时，我们就说该酒酒体和谐。

葡萄成分介绍

酿制葡萄酒离不开成熟的葡萄串，葡萄各部分所含的成分不同，它们在酿造过程中发挥着不同的作用。一般情况下，葡萄在 6 月结果后大约需要三个多月的时间成熟。在此过程中，葡萄果实逐渐长大，糖分累积，酸味降低，红色素和单宁等酚类物质的增加使其颜色加深。此外，潜在的香味也逐渐形成，经发酵后就会散发出来。此外产量的大小、所处的环境、是否遭病菌污染及年份好坏等都会对葡萄的特性和品质产生影响。

葡萄成分

酿酒葡萄

葡萄肉

果肉是葡萄的主要部分，一般食用性葡萄的肉质较丰厚，而酿酒葡萄的汁较多。果肉的主要成分有水分、糖分、有机酸和矿物质。酒精发酵离不开糖分，包括葡萄糖和果糖；有机酸则主要包括酒石酸、乳酸和柠檬酸；酒中的矿物质含量最多的是钾。

葡萄皮

葡萄皮虽然在葡萄中所占的比例不大，但对酒的品质的影响却很大，果皮的厚度对葡萄酒的主要香味起决定作用。果皮中除了含有丰富的纤维素和果胶外，还含有单宁和香味物质。另外，红色葡萄的皮还含有红色素，是红酒颜色的主要来源。葡萄皮中的单宁较为细腻，是构成葡萄酒结构的主要元素。葡萄皮的下部附着着香味物质，分为挥发性香和非挥发性香两种，后者在发酵后才会慢慢形成。

酿酒葡萄

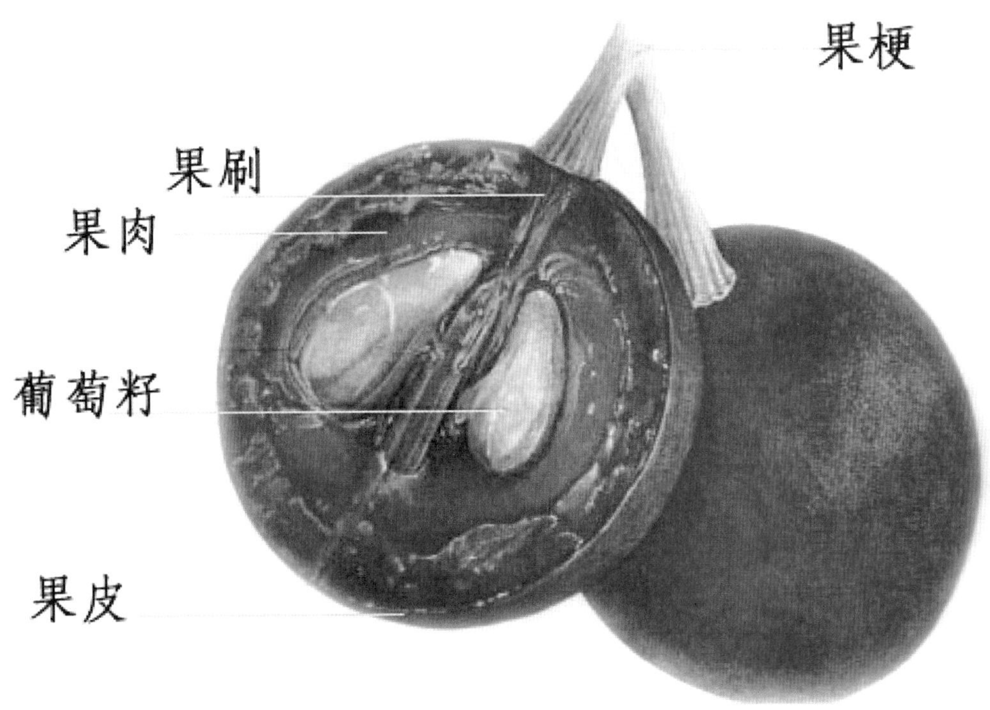

酿酒葡萄的组成结构

葡萄籽

葡萄籽内部的单宁和油脂含量较高，其单宁的收敛性强，且不够细腻，而油脂又会破坏酒的品质，所以在酿酒的过程中一定要注意不可弄破葡萄籽，否则会影响酒的品质。

葡萄梗

葡萄梗中的单宁含量很丰富，但其所含单宁的收敛性强且较粗糙，还带有刺鼻的味道，因此在酿造过程中，通常不加入葡萄梗。但部分酒厂为了增加酒中的单宁含量，有时也会加进葡萄梗一起发酵，但前提是用到的葡萄梗必须非常成熟。除了水和单宁外，葡萄梗中钾的含量也较高，钾具有去酸的作用。

酿酒葡萄

葡萄的成长过程

生长期

顺利授粉的葡萄花朵会在6月底7月初结出葡萄。果实生长期包括幼果生长期和果实转色期。幼果期就是从葡萄开花后坐果成功，果实不断长大的时期。这一时期，幼果始终为绿色并迅速长大，质地坚硬。糖分逐渐出现，但含量不高。酸的含量越来越多，在接近转色期时，酸的含量最高。转色期是指葡萄果实着色的时期。这一时期，浆果不再继续长大了，果皮上的叶绿素大量分解，白葡萄绿色变淡，果色变浅，呈微透明状；有色葡萄的果皮开始积累色素，由绿色逐渐转变成红色、紫色等。此时浆果的含糖量增长迅猛，含酸量则开始下降。此时期内要注意，如果枝叶长得太茂盛，一定要修剪，否则枝叶就会抢走过多养分。此外，为了让葡萄接受比较多的阳光，葡萄农还需要抬高枝叶，此举有利于通风，降低感染疾病的概率。

成熟期

成熟期

转色期结束到果实成熟，还会持续35~50天。在此期间，果实还会再长大一点儿，并逐渐成熟，直至达到该品种应有的大小和色泽。枝叶会逐渐停止生长，藤蔓开始木化成较硬的葡萄藤，葡萄树的糖分会输送给葡萄，葡萄的糖分含量还会继续升高。此时，葡萄的酸含量会下降。此外，葡萄中的酚类物质和香味物质也会跟着增多。

过熟期

浆果成熟以后，果实与植株其他部分的物质交换基本停止。果实的相对含糖量还会提高，这是由于果实水分的蒸发造成的，这就进入了过熟期。过熟主要是为了提高果汁中糖的浓度，对于酿造高酒度、高糖度的葡萄酒来说，这一步是必不可少的。在葡萄浆果的成熟过程中，果实中的主要成分也在发生变化，浆果中糖的含量不断增加，平均每月可增加20倍，含酸量降低，在成熟时趋于稳定。

葡萄从开花到果实成熟通常需要90~100天。到了秋末，随着天气转寒，葡萄枝开始落叶，接着就进入冬季休眠期。

过熟期

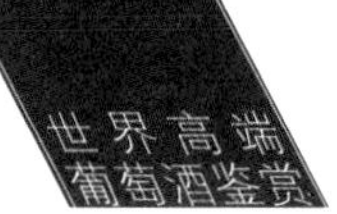

影响葡萄酒酿造质量的因素

要想酿造出好酒，原材料至关重要，很多因素都会影响到酿酒葡萄的质量，如气候、土壤、葡萄品种、葡萄收成年份、树龄等。当然，酿酒设备、技术及酿酒师的风格及水平等也是不能忽略的。下面我们主要介绍一下影响酿造葡萄酒质量的因素。

葡萄藤

法国的波尔多葡萄园

气候

气候对葡萄质量的影响非常大。气温较高的地区，葡萄成熟很快，用这种葡萄酿造的葡萄酒酒体粗糙。气温偏低的地方，葡萄因成熟缓慢而造成糖分不足，用这种葡萄酿造的葡萄酒酒体寡淡。只有北纬 32° ~北纬 51° 和南纬 28° ~南纬 44° 之间的地区种植出来的葡萄才最适合酿酒。另外，海洋与山脉等自然环境也会影响葡萄的生长，如法国的波尔多地区受大西洋暖流影响较大，而智利的葡萄酒基本都产自安第斯山脉形成的山谷。

除了受某地整体气候影响外，葡萄的质量还受小气候的影响。葡萄适宜生长在向阳的坡地、河流的两岸。此外，海拔高度也会对其造成影响。

另外，还有微气候，如地势的起伏、山脉的屏障等都是需要考虑的。

土壤

种植葡萄的理想土壤首先要具备良好的排水性，这可以避免葡萄根部腐烂；其次，土壤要有较好的蓄热性，这样可在夜间保温；最后，土壤要具备丰富的矿物质，以增加葡萄的风味物质。通常石砾、石灰质、砂土、火山岩和黏土等土质的土壤有利于葡萄的茁壮成长。

波尔多葡萄园

法国的勃艮第葡萄园

名品葡萄

葡萄品种

能酿酒的葡萄品种众多，但能制成佳酿的仅有十几种，可见葡萄品种对葡萄酒的质量影响非常大。关于优质葡萄品种，本书前面已有详细介绍，此处不再赘述。

葡萄收成年份

酒标上所指年份是指葡萄收成的年份。在其他条件都相同的情况下，不同年份的葡萄酿制出的葡萄酒口感差别可能会很大。如果某一年阳光充足，雨量适当，葡萄的成熟度高，风味物质丰富，这一年酿出的葡萄酒的味道就会非常好。葡萄酒专卖店会有酒的年份表，表中会对不同品种、不同年份的葡萄酒给出评价。比如拉菲酒，1982 年、1986 年、1990 年、1995 年、1996 年、1998 年、2000年、2003年、2005年的酒，近些年特别受欢迎。

好年份的拉菲

树龄

一般葡萄藤要有 5 年以上的树龄，结出的葡萄才可以用来酿酒，树龄小的葡萄，酿出的酒质量不够好，所以，在一些有名的酒庄，树龄小的葡萄只能作为酿造副牌酒的原料。随着树龄的增加，葡萄的品质会越来越好，但产量会降低。旧世界的酒庄喜欢用高树龄的葡萄树结出的葡萄酿酒，新世界的酒庄对高树龄倒不是很推崇。

老葡萄藤

葡萄酒的酿造

其他

除此之外，影响葡萄酒质量的因素还包括工艺、设备、技术、管理等。酿酒师在决定酒质和风格方面也发挥着重要作用，著名酿酒师往往是酒庄的重要招牌。

葡萄酒的酿造方法

葡萄酒的酿造是在酿酒厂里进行的，红葡萄酒与白葡萄酒的酿造过程基本相同。红葡萄酒是通过把葡萄皮、果肉等一起破碎后，用获得的葡萄浆发酵而成；白葡萄酒则是在葡萄破碎前，通过压榨去皮、去籽，只用剩余的果汁进行发酵而成。

酿酒葡萄

红葡萄酒的酿造过程

葡萄的采摘

当葡萄完全成熟以后，人们就开始采摘。采摘最适宜在中午阳光充足的时候进行，这是因为此时葡萄上没有露水，可以保持葡萄完好的成熟度和糖酸比例。如果采收季节遭遇降水，这将对葡萄品质产生极大的影响。因为每一滴雨水都可能在短时间内降低葡萄的糖分，从而降低葡萄的质量。采收时要非常小心，避免葡萄破损，破损的葡萄会很快腐烂，从而影响酒的口感。

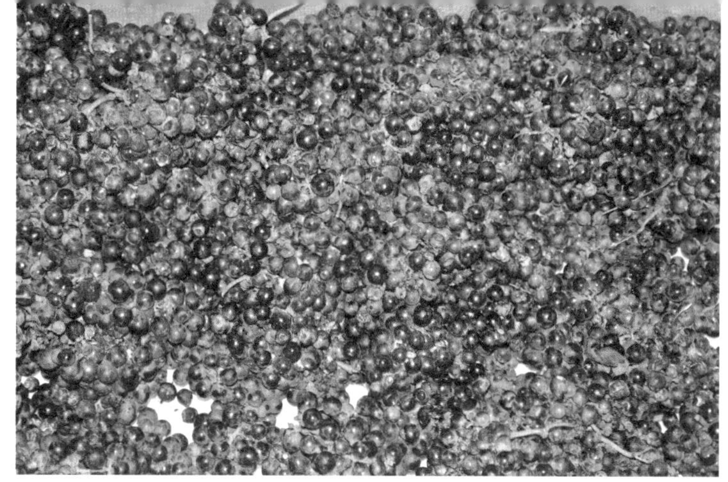

准备用来酿酒的葡萄

采摘的方法可以用手工，也可以用机械完成，但如下的几种情况必须手工采摘：

1. 酿造需要葡萄梗时；
2. 选择二氧化碳浸渍酿造方法时（薄若莱新酒等）；
3. 发现葡萄有患传染病的征兆时；
4. 用于酿造优质葡萄酒时。

去梗、破碎

红葡萄酒的颜色和口味结构主要来自葡萄皮中的红色素和单宁等物质，所以酿酒时必须先使葡萄果粒破裂，使果汁流出，让葡萄汁液和皮接触，以释放出多酚类的物质。葡萄梗一般需要去掉，因为其含有的单宁过于强劲，但也有些酒厂为了加强单宁的强度会留下一部分葡萄梗。原始的破碎葡萄的方法是，将葡萄放在一个大桶里踩。现在则普遍采用用破碎机对葡萄进行破碎的方法。

葡萄破碎机

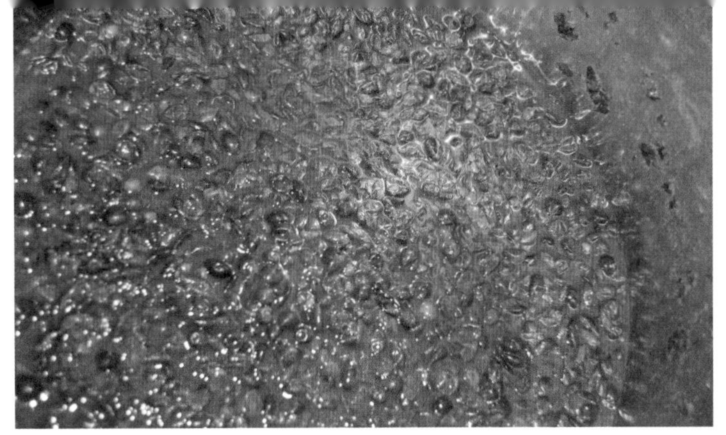

葡萄的发酵

发酵

指利用酵母进行化学反应得到酒精的过程，这个过程分为两个阶段：

酒精发酵：在一定的温度下（21~28℃）使葡萄糖转化为酒精的过程（一般为 4~20 天），也被称为一次发酵。

乳酸发酵：为了减少酸涩的味道而使葡萄酒变得更加柔和的发酵过程，也就是把略显苦涩的苹果酸变成柔和的乳酸的过程。

红葡萄酒酿造大部分要经过以上两个过程中的其中一个。乳酸发酵也可选择大气中的有益菌代替酵母。

调配

把两个以上不同品种的葡萄混合在一起而得到新口味葡萄酒的过程。调配可在发酵前或发酵后进行。

陈年

就是把发酵后的葡萄酒放在酿酒厂的橡木桶或不锈钢桶内进行陈酿的过程。

装入橡木桶陈年

装好瓶的葡萄酒

澄清、过滤

是指去除在酿造过程中因破碎的葡萄皮或是榨汁过程中产生的悬浮物而获得纯净葡萄酒的过程。这时经常使用如下几种物质进行澄清：一是鸡蛋清，一是斑脱土（火山灰分解成的一种黏土），还有一种是胶质。

经过澄清过程后，为了使葡萄酒更加纯正，通常还需要再进行过滤。

澄清、过滤时应注意的事项：第一，红葡萄酒不得使用蛋清进行澄清，因为它会破坏红葡萄酒中的单宁。第二，陈酿阶段后，为了保留葡萄酒原有的质感与口味，有时也不进行过滤而直接装瓶。

装瓶

是指为了让葡萄酒能在市场上流通而将其做成成品的过程。

白葡萄酒的酿造过程

葡萄的采摘

白葡萄比较容易被氧化，采收时必须尽量小心保持果粒完整，以免影响品质。

采摘葡萄

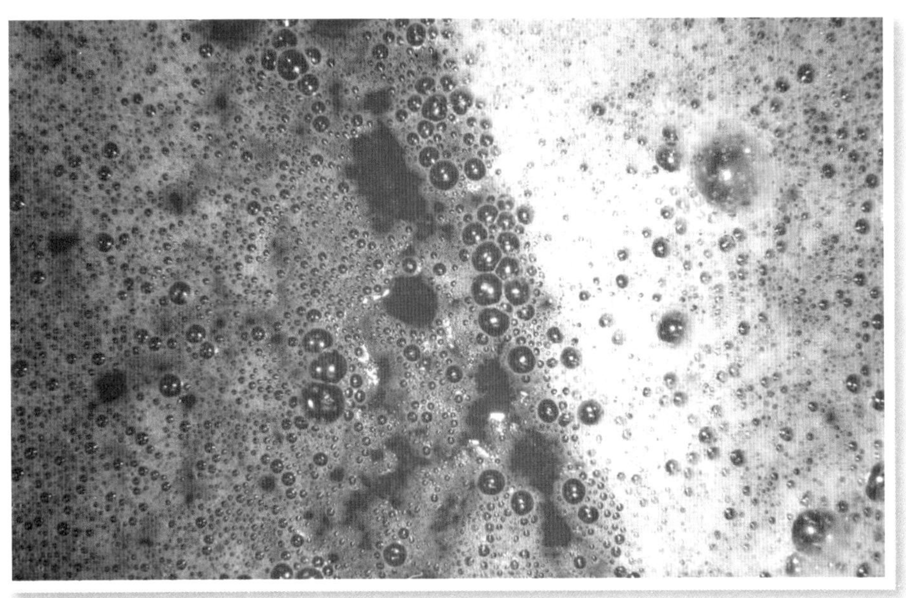

白葡萄的酿造

破皮

采收后的白葡萄，在榨汁前要先进行破皮，有时也会去梗。传统的白葡萄酒酿制法会直接榨汁，并尽量避免释放出皮中的物质，然而葡萄皮中富含香味分子，直接榨汁就导致大部分存于皮中的香味分子无法融入酒中。近年来，人们发现发酵前进行短暂的浸皮过程可增加葡萄原有的新鲜果香，同时还可使白葡萄酒的口感更浓郁绵润。但为了避免葡萄释放出太多单宁等多酚类物质，浸皮的过程必须在发酵前低温下短暂进行，同时破皮的程度也要适中。

榨汁

与红葡萄酒不同，白葡萄酒须把葡萄进行压榨，只把得到的果汁转移到发酵桶内。

发酵

发酵需要一定的温度，最适宜的温度是16~18℃，比酿造红葡萄酒稍低一点儿。

调配

同红葡萄酒。

陈年

白葡萄酒的陈年时间一般比红葡萄酒短。

澄清

装瓶前，酒中有时还会含有死酵母和葡萄碎屑等杂质，必须去除。常用的方法有换桶、过滤法、离心分离器和皂土过滤法等。

装瓶

同红葡萄酒。

桃红葡萄酒

桃红葡萄酒的酿造过程

桃红葡萄酒的颜色呈粉红色，一般作为佐餐酒饮用，通常它有三种酿造方法：

通过红、白葡萄酒的调配上色

将红葡萄酒与白葡萄酒按一定比例进行调配即可酿成，应该注意的是白葡萄酒的比例一般要比红葡萄酒的比例高。

用紫黑色葡萄皮着色

在葡萄酒进入发酵前，把白葡萄酒放在红葡萄酒的葡萄浆里进行一定时间（通常为 36 个小时）的浸渍而自然上色。

桃红葡萄酒

桃红葡萄酒

通过葡萄压榨上色

通过对紫黑色的葡萄进行轻轻的压榨，从而使酒体获取颜色的方法。

起泡酒

起泡酒的酿造过程

起泡酒有如下几个种类：

香槟酒、气酒、起泡葡萄酒、弗兰恰可塔酒、司普曼特酒、卡瓦酒、塞克多酒。

以上这些酒的酿造过程稍有差异，但一般要经过如下过程：

采收

红白葡萄都可以用来制造起泡酒，但必须非常注意保持葡萄的完整，且一定要人工采收。

榨汁

为了避免葡萄汁被氧化及释出红葡萄的颜色，起泡酒通常都是直接使用完整的葡萄串榨汁，因此，使用的压力必须非常轻柔。

发酵

与白酒的发酵一样，须低温缓慢进行。

澄清

澄清方法与白、红葡萄酒类似。

二次发酵

将添加了糖和酵母的葡萄酒装入瓶中，酒会在瓶中进行二次发酵。发酵温度必须很低，最好维持在10℃左右，这样气泡才会细致。发酵结束之后，死掉的酵母会沉淀在瓶底，然后进行数月或数年的瓶中培养。

传统方法中的瓶中二次发酵需要较高的生产成本，因此低端的起泡酒会在酒槽中进行二次发酵，将二氧化碳保留在槽中，去除沉渣后即可装瓶。此法制作出的酒价格低廉，但品质比瓶中发酵要差一些。

起泡酒

摇瓶

瓶中发酵后，会有死酵母等杂质沉淀于瓶底，为将其除去，要进行摇瓶。香槟酒采用人工摇瓶法。现在，为了加速摇瓶过程及减少费用，已有多种摇瓶机器可以代替人工进行摇瓶的工作。

除渣

此步骤既要去除沉淀物还不能影响气泡。较现代的方法是将瓶口插入 −30℃的盐水中，让瓶口的酒渣冻成冰块，然后再开瓶，利用瓶中的压力把冰块推出瓶外。

香槟酒

装瓶后的起泡酒

补充和加糖

去酒渣的过程多少会损失一些起泡酒，还需要再补充，同时还要在不同甜度要求的起泡酒中加入不同分量的糖。

装瓶

现在，装瓶都由机械来完成。

葡萄酒的调配

我们知道，酿造葡萄酒使用的是新鲜的葡萄，用不同葡萄品种所酿出的葡萄酒味道与特性也不一样。赤霞珠单宁丰富，涩味与收敛性强；美乐果香丰富、质地柔和；品丽珠则具有芳香清淡、口感柔和的特点。把这些具有不同特性的葡萄放在一起进行勾兑就可以调制出不同口味的葡萄酒，这个过程叫作调配。

餐酒邂逅——餐桌上的葡萄酒

葡萄酒的佐餐原则

葡萄酒与食物的搭配首先应考虑搭配后是不是能使食物更加美味，葡萄酒是不是更加可口。食物的味道是集酸、咸、辣、苦于一体的，这是因为人们在烹饪时要添加油盐酱醋。当葡萄酒与食物一起搭配时，葡萄酒含有的单宁、酒精、酸等物质，还有橡木桶的味道等又会给食物增加新的味感，所以搭配的好坏直接影响用餐的质量。葡萄酒与食物搭配一定要遵循如下几个原则：

餐酒搭配

红酒配红肉

第一，同质结合的原则。味道强烈的食物应与味道强劲的葡萄酒搭配，丰富厚重的食物则与口感浓郁的葡萄酒搭配。有些酸甜味道的沙拉适合与白葡萄酒搭配，甜点则适合与甜味浓郁的葡萄酒一起饮用，这实际上也就是酸与酸、甜与甜相同性质特点相结合的原则。

第二，同色结合原则。“红酒配红肉，白酒配白肉”是餐酒搭配的一个基本准则。白葡萄酒味道偏淡，酸度或高或低，而白肉，如三文鱼、鸡肉等，口感鲜嫩清淡，二者搭配，相得益彰，而且白葡萄酒中的酸度可去除海鲜的腥味，增加清爽的口感。而红葡萄酒的口感浓郁，果香丰富，搭配经典牛排，不仅解油腻，而且还能使牛排更美味。另外，红酒中的单宁与红肉中所含的蛋白质的结合可使单宁变得柔顺，肉质更加细嫩。

白酒配白肉

餐酒搭配

第三，压倒的原则。也就是说像布丁、冰激凌、巧克力等这些甜味重的食物要与甜味更加浓郁的甜葡萄酒结合，这样会使食物更加香甜可口。而食醋味浓厚的沙拉应与酸味更加浓郁强劲的白葡萄酒搭配食用，这种原则可以形象地比作以热治热原则。

第四，调和的原则。例如咸味浓厚的干鱼或蓝波芝士奶酪搭配上甜葡萄酒后，两者的味道就会相互渗透，达到中和的效果，使食物更加美味。

葡萄酒与口味的搭配

五香味

五香味的食物适宜搭配口感柔和的干红，如施赫葡萄酿的酒，因为施赫葡萄具有清淡的薄荷味和香料味，将施赫红葡萄酒与五香味食物搭配更能使五香味的“香”散发出来。干白葡萄酒也是个不错的选择，尤其是用莎当妮白葡萄酿出来的酒。莎当妮白葡萄酒口感圆润，香味浓郁，用其来搭配五香味的菜品，不仅不会破坏其质地的鲜香，反而会使其增色不少。而五香味的川菜小吃，则可以在休闲聊天时搭配起泡酒。

法国蕾斯巴赫麝香干白葡萄酒

糖醋味

为糖醋味食物搭配佐餐葡萄酒，可以选酸度不太重的干白葡萄酒或清淡的新世界红酒。有一定酸度的酒可以提升糖醋菜品的香甜。

贝尔拉图葡萄酒

鲜辣味或麻辣味

一些含有施赫或美乐葡萄的混合葡萄酒，如法国的贝尔拉图和澳洲莎莲娜庄园的酒及来自加拿大、德国的冰白葡萄酒较适合佐餐鲜辣味或麻辣味的菜品。理由是混合葡萄红酒可以让鲜辣和麻辣体现出各自的“鲜”“香”“辣”。而冰白葡萄酒可以和鲜辣的鱼肉搭配，用冰白的香甜来平衡其辣味。

蒜香味

带有蒜味的食物可以搭配莎当妮或蜜思吉白葡萄酒。莎当妮白葡萄酒口感圆润，香味浓郁，用其搭配蒜味浓的食物，可以去掉餐后的蒜腥，同时保留其蒜香口感。

莎当妮白葡萄酒

酸辣味或椒香味

单宁较重的法国红酒或混合型新世界红酒可以搭配酸辣味或椒香味食物。

酱香味或腌熏味

中浓口感的意大利或西班牙红酒可以搭配酱香味或腌熏味食物，这是遵循了红酒配红肉的原则，同时不存在单宁影响肉质的顾虑。

餐酒搭配

生蚝配白葡萄酒

葡萄酒与不同食物的搭配

葡萄酒佐餐为的是能够为食物增色，餐、酒和谐原则是首先应该遵守的，不要一个掩盖了另一个，尤其是酒不能喧宾夺主。

白葡萄酒与食物的搭配

干白酒

干白酒口感清爽，酸度高，适宜做餐前开胃酒，若是搭配食物的话，生蚝等蚌壳类海鲜是不错的选择，如蒸鱼、烤鱼、水煮海鲜等。味道浓一点儿的干白酒，可以配鸡肉或猪肉。如果还要加点儿乳酪的话，可以选择酸度高的羊奶乳酪。

莎当妮干白葡萄酒

甘甜浓厚型干白酒

最有名的甘甜浓厚型干白酒是用品质最优的莎当妮酿造的。经过橡木桶发酵培养，口感变得甘而不甜，绵润丰厚，酒香浓郁。甘甜浓厚型干白酒与鲜美的龙虾、干贝、螯虾等简直是最佳搭档。口感较浓郁的酒还可以和鹅肝酱等浓腻的前菜搭配，主菜类可以选择有香浓酱汁的鱼或禽类。此类酒一般会带有香草和橡木味儿，不宜同清蒸等清淡做法的鱼类菜肴搭配。

果香浓郁型干白酒

果香浓郁型干白酒最突出的特点是带有不同的水果风味，如热带水果、杏、桃等，还有的带玫瑰花香，口感偏绵润，酸度较低，适合搭配香料味重的或配以水果入菜的口味比较独特的菜肴。

半甜型白酒

说到半甜型白酒，在欧洲食物方面，没有什么经典搭配，它适合搭配偏辣或带甜味儿的亚洲食物，还可以搭配酸度高、甜度低的甜点。另外，一些以水果入菜的热带甜味食物以及辣味儿重、不好搭配葡萄酒的食物，都可以尝试以此类酒佐餐。

南非白诗南半甜型白葡萄酒

贵腐白葡萄酒

贵腐白葡萄酒可以搭配多种菜肴，和经常作为前菜的鹅肝酱是非常经典的搭配，搭配水果冰激凌、蓝莓奶酪也是很常见的。食用饭后甜点的时候，也可以来一杯贵腐白葡萄酒，但要注意巧克力或咖啡味道的甜点是不适宜的。贵腐白葡萄酒的一大特点是味道很重，因此佐餐时有可能会盖过其他酒和菜肴的味道，因此在上下一道菜前，可以先喝一口水或汤。

贵腐白葡萄酒

清淡型红酒

红葡萄酒与食物的搭配

清淡型红酒

清淡型红酒是指那些颜色浅、新鲜果香味重、单宁含量低、储藏时间短的红酒。这类红酒宜搭配简单的食物，比如，肝和肉酱做成的冷肉冻、肉肠、猪肉和嫩牛肉等，以及用内脏做成的简单菜肴，同时，也可以搭配味道淡一点儿的乳酪。

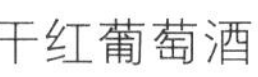
干红葡萄酒

高单宁型红酒

目前全球最受瞩目的红酒就是单宁含量高的红酒，法国的波雅克和美国加州纳帕谷的赤霞珠酒就是最佳代表。其特点是酒色深浓，结构紧密，收敛性很强但细致，储藏时间越久越具有魅力，香味越浓郁。这类酒味道重、富有野性，需要搭配经精致烹调的红肉类菜肴，口味强劲的酒配上香浓的酱汁，令人回味无穷。

细腻顺口型红酒

黑比诺葡萄酿成的勃艮第红酒是细腻顺口型红酒中的典型代表，这类酒如女人一般优雅细腻。酒龄短时单宁稍重，香味较简单，可以配合牛排等煎烤的肉类饮用。陈年后，酒香四溢，口感变得丰满，宜与经过长时间煨煮的丰盛菜肴搭配。

牛排

西班牙卡萨尔教皇半甜型红葡萄酒

圆润丰厚型红酒

气候炎热的沿地中海地区，如法国南部和西班牙就盛产圆润丰厚型的红酒，西班牙的利奥哈和隆河谷地南部的教皇新城红酒在此类红酒中最有名。天冷时，食用由多种香料炖煮的肉类，最适宜搭配这种口感丰厚的红酒，搭配烤肉和味道浓厚的酱香红肉也是不错的选择。贮存时间长的老酒还可搭配野味，或加松露调味儿的菜品。

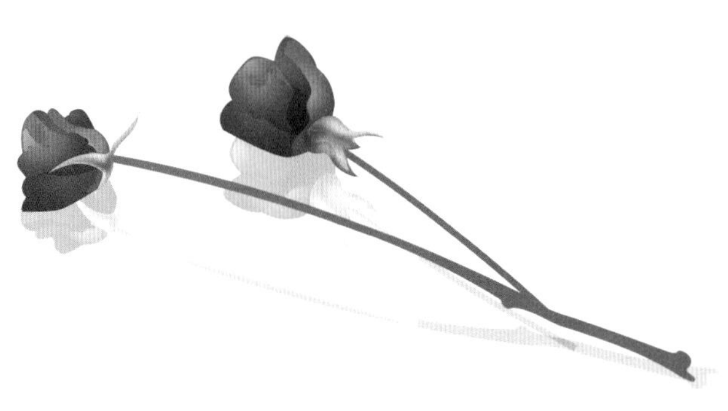

水果派

起泡酒与食物的搭配

清淡型起泡酒

清淡型起泡酒的口感比较细腻，一般人们将其作为餐前开胃酒，也可以搭配用海鲜和白肉做成的简单菜肴。若是半甜型则还可以搭配水果派、蛋糕等甜点。

细致浓厚型起泡酒

法国的香槟是细致浓厚型起泡酒的代表，其风味多变，可以搭配很多菜肴。以白葡萄为主酿成的香槟，口味较淡，混合干果香，在大型餐会上常作为餐前酒饮用；经过陈年以后可搭配精致的鱼类菜肴或干乳酪。以红葡萄制成的香槟口感比较浓厚，香味也更丰富一些，可以搭配鱼子酱、白肉和海鲜类的菜肴；经过陈年后可搭配淋有浓稠酱汁的菜肴和野禽类等味道重的珍肴。桃红香槟的口味很丰厚，搭配口味浓重的菜肴就可以了。

海鲜类菜肴

蔬菜沙拉

桃红葡萄酒与食物的搭配

桃红葡萄酒一般比较清淡，带有新鲜果香，应该搭配简单的菜肴。食用清淡的食物最适合饮用桃红葡萄酒，如生菜沙拉、凉菜类和白肉等。此外它还可以搭配地中海地区用橄榄油和蒜头调味的菜。桃红葡萄酒没有很特别的口感，可以用来配一些比较难配的菜，如醋、蒜加得很多的食物，这虽不是经典组合，但味道也是不错的。

葡萄酒佐餐应注意的问题

葡萄酒是一种天然饮品，它神秘优雅，充满魅力，出现在各种不同的场合，被人们欣赏、赞誉。葡萄酒佐餐是门复杂的学问，有许多需要注意的问题，下面简单介绍一下。

葡萄酒佐餐

海鲜

红酒不宜配海鲜

红葡萄酒配红肉是符合烹调学自身的规则的，葡萄酒中的单宁与红肉中的蛋白质相结合，非常有助于消化。而红葡萄酒与一些海鲜搭配，不仅不能为菜品增色，反而会破坏菜品的美味。如多弗尔油鳎鱼片，红酒的单宁含量高，会严重影响鱼片的口感，而葡萄酒自身甚至也会因此带上一股难闻的金属味儿。只有富含天然油脂的大马哈鱼、剑鱼或金枪鱼才能够与体量轻盈的红葡萄酒搭配。

烟熏三文鱼

适合搭配海鲜的三款酒

1. 哥伦比亚谷干起泡酒

这款酒来自美国的圣密夕酒园，是一款风格清新、口感活跃的起泡酒，富含花香及果香。此酒入口爽利，干冽的泡沫可去除海鲜的腥味，丰富的果酸和矿物质又能突出海鲜的鲜味，适宜搭配烟熏三文鱼、烤鳗鱼及生蚝。

2. 意大利班菲酒厂的瑞米干白

这款酒呈淡黄色，清淡的花香与青柠、梨子、香蕉的柔和果香相融合，并带有清爽的酸味，酒体结构精致，口味清新宜人，适宜搭配清淡的贝类和生鱼片。

3. 智利桑塔丽塔的莎当妮特酿干白葡萄酒

这款莎当妮特酿带有独特的热带水果的香味，口感被柔和的香草及榛子清香包围，并带有适宜的果酸味，与龙虾、海胆、大闸蟹等肉质肥厚的海鲜搭配实在是再合适不过的了。

用醋须小心

沙拉在与葡萄酒搭配的时候，效果往往还不错，但如果其中加了醋，口感就会变差，因为醋会钝化口腔的感受，使葡萄酒失去活力，口味变得平淡。可以换成柠檬水，柠檬中的柠檬酸与葡萄酒能够得到很好的协调。

葡萄酒配沙拉

浓香辛辣食品配酒有方

为辛辣或浓香的菜肴搭配恰当的葡萄酒是不容易的，比较常见的是搭配辛香型或果香特别浓郁的葡萄酒。

葡萄酒佐餐

斟酒三分之一杯

葡萄酒的饮用礼仪

葡萄酒与中国传统的白酒喝法大为不同，应特别注重文明礼仪。

斟酒

喝红白葡萄酒时，斟酒的量视酒杯的大小而定，一般只斟五分之一到三分之一杯左右，要给杯内留有较大的空间来收拢酒液散发出来的香气，同时也是为了在晃杯时酒液不至溅出。但餐厅里论杯卖的葡萄酒则例外，需斟至二分之一杯以上。起泡酒要斟至泡沫升至酒杯的上表面而不溢出，泡沫散去，酒约为五分之四杯。

斟酒时，要将餐巾布裹在酒瓶上，倒完后转动酒瓶，以避免酒滴在桌面上，也可用醒酒器或分酒器来斟酒。但白葡萄酒不适合装入分酒器斟酒，须用瓶倒酒，斟完后放回冰桶中。斟酒最好使用防滴片，其为一金属薄片，可以卷起来插在瓶口。

用醒酒器斟酒

右侧斟酒

斟酒应从主要客人或座中最年长者开始，还要遵循女士优先的原则。服务员要站在客人的右侧倒酒，按照逆时针的方向。客人要始终把酒杯放在自己的右侧，服务员倒酒时不必把酒杯举起来，只要放在比较方便服务员倒酒的地方即可。

握杯

我们可能在影视剧中经常看到剧中人用五指托着酒杯喝红葡萄酒，看起来姿势优雅，但实际上这种握杯的方式并不适用于大多数酒杯，那仅仅是白兰地酒杯的握法。因为红、白葡萄酒的适饮温度偏低，低于体温，为了不使体温影响葡萄酒的美味，我们应该用高脚杯饮用葡萄酒。高脚杯的正确握法是用拇指、食指、中指、无名指捏住杯腿，这样的握法既不会使手的温度影响酒液，也避免了在酒杯上留下指纹印。用四指端住杯底的方式也是正确的，但那是专业品酒师的握杯方法，平时可以不用这样握。

正确握杯法

碰杯

碰杯

碰杯时要让自己的酒杯向外倾斜 15 度，轻碰对方酒杯的突出部分，发出清脆的声音。注意用力不要太大，以免碰碎酒杯。碰杯时要举杯齐眉，微笑看着对方，而不是盯着酒杯和酒，心不在焉的话就更失礼了。如果别人提议举杯，要积极回应，特别是女士举杯，一定不能怠慢。

英文中干杯一词为 Cheers 或 Drinkatoast，但干杯并不是真要全部喝光，只喝一小点儿即可。只有在双方说 Bottomsup 时才真的是干杯的意思，但这种情况很少见。中国人觉得喝光一杯酒才显得有诚意，但在喝葡萄酒时一定要改变这个习惯。红酒讲究一口一口地品，如果把一杯上好的美酒一饮而尽，外国人会很吃惊，觉得这实在是暴殄天物。

碰杯

开胃菜

西餐礼仪

西餐用餐时应衣着得体，进入餐厅先请服务员引导入座，从座位的左侧入座，一般请长者和女士先坐。然后服务员会拿出菜单。西餐不管主人请客还是AA制，都是自己点自己的菜品。西餐菜单乍一看，可能感觉看不懂，其实很简单。一般来说要先点开胃菜，然后是汤，接着是沙拉，然后是主菜，一般是鱼、肉、海鲜等，饭后还有甜食，可选奶酪、甜点、冰激凌等，最后是茶或咖啡。

饭后甜食

西餐的摆台一般是中间放盛着叠成各种形状的餐巾的盘子；右手放刀和勺，左手放叉子；盘子上方放甜食的叉和勺；盘子左上方放面包盘和黄油抹刀；右上方放杯子。

西餐摆台

左手拿叉右手拿刀

用餐时，左手拿叉右手拿刀，刀叉是按点菜的顺序摆的，用时要从外往里用。用完一道菜，则把刀叉一字形摆好，这个摆法是示意已经用餐完毕，服务员见到就会把盘子连同刀叉收走。如中途离席，则把刀叉呈八字形放好，以免被服务员将盘子收走。而中国的西餐厅可能没有这么讲究，食用不同的菜只用一副刀叉，也不分鱼刀或肉刀，因此在服务员取盘子时，应自行把刀叉留下。

中途离席时餐具的摆法

在国外的西餐厅千万不能大声喧哗，需要服务员服务时，用手示意即可。不过在中国的西餐厅，服务员可能不会时时关注客人，因此若有需求还是要叫来服务员。用餐时不要举起或摇晃刀子、叉子，咀嚼食物要闭着嘴，以免发出声音，喝汤或吃面条时更要注意不要发声，否则会被嘲笑。另外，口中含有食物时不要讲话。如果不想再继续喝酒了，可以用手盖在酒杯上方，并用表情示意服务员不需再斟酒。如果客人不想再喝酒，主人不要劝酒。用餐巾擦嘴时，在嘴角上轻点即可，切忌用力擦拭。用餐完毕后把餐巾叠好放在桌上。西餐的进餐礼仪很讲究，要想做到大方得体，我们需要多学习。

餐酒搭配

葡萄酒与不同场合

随着人们生活水平的提高，现代人越来越追求生活的质量，用餐环境、餐酒搭配等问题也随之引起现代人的重视。不同国家、不同场合、不同时间的情况下，餐酒的搭配会有一定区别。笼统来看，啤酒是全世界人民都比较喜爱的酒类饮品，是朋友聚会开怀畅饮的最佳饮品，适用于比较大众和随意的场合；白酒一直是深受中国人民喜爱的酒类，一般在正式的社交场合及隆重的宴会中都能见到它的身影；葡萄酒则深受西方人的推崇，他们非常讲究餐酒搭配，长久以来已经形成了一套特有的葡萄酒餐酒搭配法则。随着葡萄酒逐渐被世界各国接受，这种葡萄酒的饮酒文化也逐渐走上了国际舞台，影响着各国人民的生活。

葡萄酒种类繁多，不同场合搭配适当的葡萄酒，不但可以营造氛围，还可以提升品位。总的来说，在不同时间、不同场合选择葡萄酒时要考虑传统礼仪、场合要求、酒的特性及天气情况等因素。例如，夏天适宜饮用酒精含量低的葡萄酒，因为夏天天气炎热，人们喜欢吃清淡的食物，这时候搭配清淡、提神的白葡萄酒和粉红葡萄酒或一些清淡的红葡萄酒是最合适的。而寒冷的冬季较适合饮用口味浓厚的葡萄酒，典型的加强酒如波特酒、雪莉酒等是暖身开胃酒和餐后酒的最佳选择。冬天，由于人们吃得会偏油腻一些，此时若是搭配清淡的葡萄酒，其风味就会被食物掩盖。而在一些庆典场合，人们通常会选择干性香槟酒来庆祝，因为开启香槟时的声音可以增加庆典的气氛。若举办一个大型宴会，最好准备两种以上的葡萄酒来迎合来宾的需求。

油腻的食物配浓酒

清淡的食物配清淡的酒

葡萄酒饮用在次序上也是有讲究的：香槟和白葡萄酒可以当作饭前开胃酒饮用，佐餐时可以选红白葡萄酒，干邑在饭后配甜点喝；如果既有白葡萄酒又有红葡萄酒，则先喝白的，再喝红的；先喝清淡的或不甜的葡萄酒，再喝味道浓郁的或较甜的葡萄酒；先喝年轻的葡萄酒，后喝陈年的葡萄酒等。

不过，不同场合搭配何种葡萄酒，还要看个人。个人喜好、经济状况、宴请对象以及用餐目的等都对选酒有影响。只要不违背社交礼仪，又能发挥葡萄酒的特性，并且能符合场合的气氛，给就餐者带来乐趣，就算是好的选择。

商务午餐

商务午餐

商务午餐的用餐时间一般不会太长，所以一定要精简得体。西式商业午餐通常是一道头盘和主菜，甜点可能没有，如果有的话，分量一般会很少，酱料比较清淡，搭配的酒是较为优雅的种类。

如果午餐人数是五个人左右，可以选择一到两款葡萄酒，比如可以选一款清淡且带果香的白葡萄酒再加一款酒体适中或偏浓郁饱满的红葡萄酒。白酒既可作为开胃酒，又可和色拉类菜品搭配。如果主菜是海鲜，搭配白酒也是很适宜的。而红酒可以和红烧炖煮的菜品搭配。

晚宴

晚宴一般会非常丰盛，菜品量不一定多，但质量一定会很好，因此对葡萄酒的要求也很高。

丰盛的晚餐，每道精致的菜品都应该搭配一种葡萄酒。开胃酒应优先考虑香槟，如果场合很隆重，还可以加一款高雅清爽且带有有层次的果香的白葡萄酒。接着，第一款菜品可以搭配一款酒体丰满、口感圆润的白葡萄酒，除此之外，主菜中的鱼类或白肉也可以搭配这款酒。而后可选酒体适中的红葡萄酒搭配主菜，口味由浅入深。最后，为了和甜点搭配还需选一款甜酒，具体选何种甜酒，要根据甜点的口味决定。

晚宴

高尔夫俱乐部

高尔夫俱乐部的晚餐要营造一种轻松的气氛，给人以舒适的享受。在这顿丰盛的晚餐里，葡萄酒发挥着至关重要的作用，它除了能体现人们的生活品位，还因为可以促进蛋白质的分解，具有养生功效。

在高尔夫俱乐部用晚餐饮酒不贪多，但品质要好。第一款酒最好是清淡的白葡萄酒，饮用后能引起食欲、放松心情。第二款葡萄酒红白均可，若选白的，应选择酒体饱满些，成熟度高些的，而红葡萄酒选酒体适中柔和的。搭配主菜的酒宜选酒体比较饱满、口感醇厚的红葡萄酒，当然也可以适当选择口感丰腴轻快的红酒，它可以很好地搭配各式肉类菜肴。

回味无穷——葡萄酒的品评鉴赏

葡萄酒的品鉴过程

准备

品酒场地

要想好好地品鉴葡萄酒，必须做好各项准备，品酒场地是不能忽视的。

首先，我们需要一个足够大的空间，使品酒人员能方便地自由活动，以及吐酒时不会影响到其他人。如果酒的种类很多，或是品酒的人很多，而空间特别狭小，就会使参会人员感到不舒服。

其次，要保证品酒场地空气清新，绝对不能有任何异味，包括香烟及香水的味道。如果品酒场地有异味就可能会掩盖葡萄酒的香气，或影响品酒人嗅觉的敏感度，致使闻香的准确性下降。

再次，品酒场地的温度和湿度应保持稳定和均匀。最适宜的温度是 15~20℃，相对湿度以 50％ ~60％为好。不适宜的温度与湿度会使人感到不舒服，而且还会影响味觉。

最后，品酒的环境应是安静的，噪声应限制在 40 分贝以下。因为噪声不仅妨碍人的听觉，还会对味觉产生影响，分散人的注意力，使人易于疲劳。

光源与背景物

品评葡萄酒时需要自然的光源，人造光源会影响酒的色调，荧光性光源更是不可以，这种光线会使红色看起来偏棕色，甚至带有类似紫色的隐色。

烛光可强化葡萄酒的外观，但使用场合也是有限的，在比较正式的品酒场合，烛光只能用于观察葡萄酒的真正纯净度。一般在酒窖里观察刚从酒桶里抽出的浅龄的葡萄酒时会用到烛光。

坐定式品酒时，桌面应铺白色的背景物，可以是白色的桌布、白纸巾或厨房用的白色卷纸。站立式的品酒场合，需要有白色的背景物，如白色墙壁、大的白板等。

勃艮第型酒杯

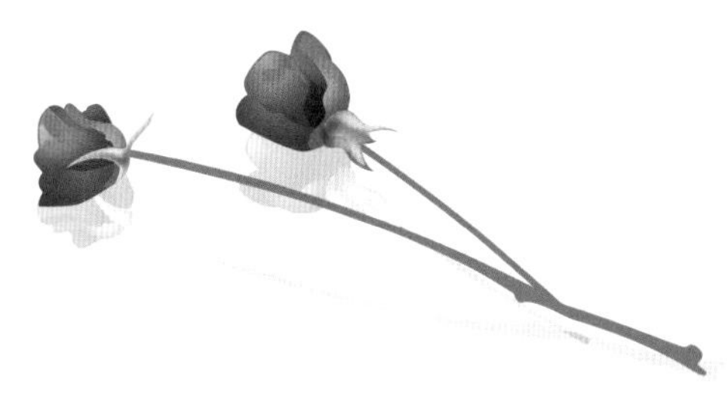

酒杯

有葡萄酒爱好者说，没有好的酒杯来饮酒，是对葡萄酒的浪费，由此可见，葡萄酒酒杯对饮酒来说至关重要。一般的葡萄酒酒杯为无色透明的玻璃高脚杯，为了能更好地欣赏晶莹澄澈的葡萄酒，应选不加任何雕饰，杯体尽可能薄的酒杯。水晶玻璃材质的酒杯是最好的，晶莹透明，富有质感，杯子相碰的声音清脆悦耳。葡萄酒杯一般是郁金香形状的，杯口微微收拢，使酒香不容易扩散出去。其中红葡萄酒杯的杯身更粗一些，这有利于杯中的酒液更多地和空气接触，促进氧化，一般分为波尔多型、勃艮第型，勃艮第型酒杯更丰满些。红葡萄酒酒杯的容量一般为 350~500 毫升，大的还有 600 毫升，甚至 1000 毫升的。白葡萄酒酒杯的容量一般比红葡萄酒酒杯小，多为 230~350 毫升，杯体弧度也更小些。香槟杯呈细长型，这种杯形利于倒酒时在酒面上形成一层泡沫，在喝酒过程中也有气泡不断地向上升起，很具观赏性。

下面我们介绍几款不同类型的葡萄酒酒杯，以及其适合搭配哪种葡萄酒。

第一种是含苞欲放的郁金香型。其特点是杯口向内收拢，喝酒时舌头的中部会直接碰到酒，因为舌头中部对酸度很敏感，所以不适合用这种杯饮用过酸的酒。

第二种是大肚郁金香型。用它饮酒时酒会直接接触舌的后部，因为舌的后部对苦味最敏感，因而适合用来喝香气浓郁的酒。

第三种是盛开的郁金香型。其特点是杯身上部向内收拢，到杯口上又向外展开。用这种酒杯饮酒，舌尖会直接接触到酒，舌尖丰富的味蕾能更多地感觉酒中的果味儿和甜味儿，因此特别适合用来饮用酸度较高的酒，以平衡酒中的果味儿、甜味儿和酸味儿。

郁金香型酒杯

各类葡萄酒杯

德国的肖特·兹维泽尔(Schott Zwiesel)和奥地利的瑞德尔多(Riedel)是世界著名的葡萄酒杯品牌，其产品设计精美，杯壁薄而晶莹剔透，碰杯声清脆悦耳。中国山东青岛的水晶杯质量也很好，而且价格公道。

开瓶

葡萄酒的开瓶器很多，下面我们介绍常用的三种。

侍酒师刀

餐厅服务员经常使用侍酒师刀开瓶，先用上面的小刀割开瓶帽的铝箔，然后把螺旋体拧进软木塞，再用杠杆把软木塞拔出。要注意的是，侍酒师刀不适合开木塞因年久或未浸泡酒液而干燥的酒瓶，以免木塞断裂。

侍酒师刀

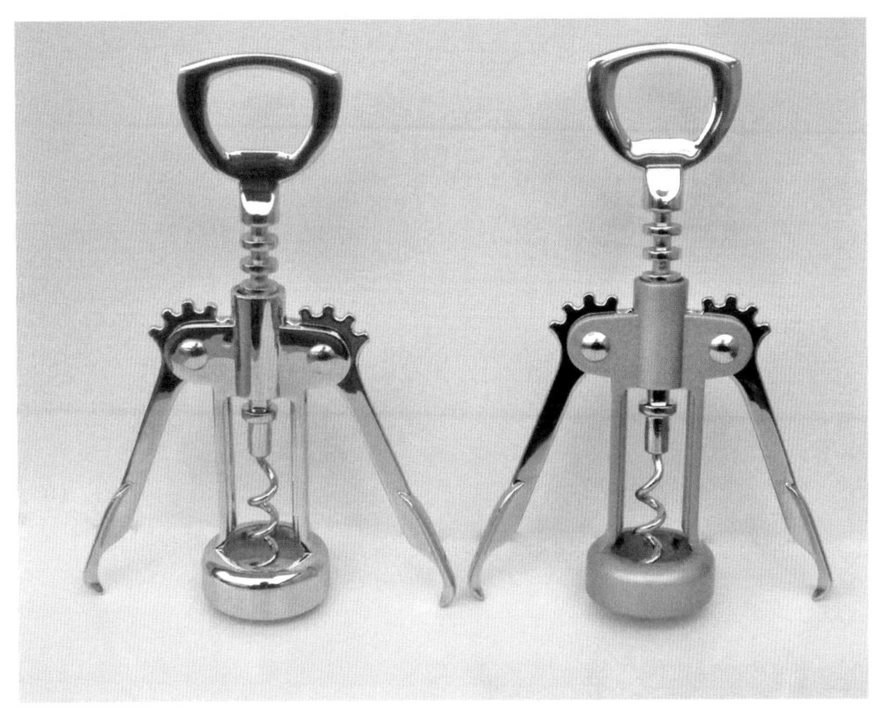

翼形开瓶器

翼形开瓶器

将螺旋体插入软木塞旋转，两边手柄如翼形张开，把手柄压下即可拔出木塞。这种开瓶器因为是直接将木塞拔起，因此老化的软木塞折断的可能性不大。

兔型开瓶器

用夹钳夹住瓶嘴，把手柄从最下提到最上，再把手柄从最上压到最下，软木塞就被拔出来了，其优点是简单而快捷。

为了更方便快捷，现在市场上还出售电动开瓶器。总之，开瓶器各有各的特点，无论使用哪一种，螺旋体都不要钻得太深，以免有木渣掉入酒内。

兔型开瓶器

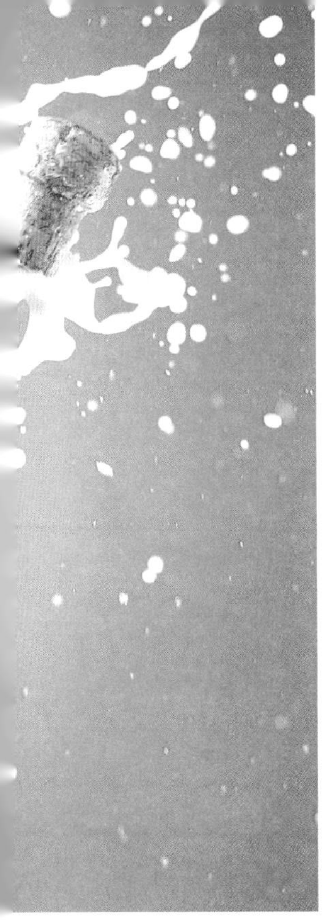

另外，香槟酒开瓶的方法和其他葡萄酒有些区别，一般不用开瓶器。先把酒冰一下，使其温度下降到5~9℃。香槟酒到了这个温度，不但口感会非常好，而且瓶内的压力也会减少约一半，这样开瓶会比较安全。开瓶时，先把封箔沿标签处撕开，左手握瓶，右手把缠绕的铁丝按逆时针方向扭开，把压盖去掉，然后用左手拇指按住瓶塞，手掌握住瓶颈，右手握住瓶身，这时软木塞会慢慢向上移动。如果瓶塞没动，可轻轻地旋一下软木塞使其启动。拇指继续压紧，这时瓶内的二氧化碳压力会慢慢把瓶塞顶出。如果瓶塞打开时没有发出声音，说明拇指压得很紧，如果听到砰的一声响，说明你在瓶塞即将顶开前放开了拇指，但即便如此酒也不会溢出。如果酒溢出来了，那应该是酒没经过冷却，而且开瓶前猛烈地晃动了酒瓶，这时拇指突然放开，瓶中的酒就会喷出来。现在在庆祝活动中人们都用这种开瓶方式营造热烈的气氛。起泡酒瓶内的压力很大，如果不小心，瓶塞会以高速射出，因此，开瓶时瓶口一定不要对着人、灯或窗户等。

开香槟

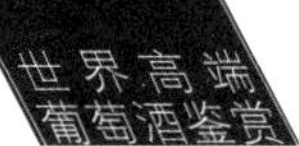

开瓶后的酒最好及时喝掉，如果一次没喝完，葡萄酒最多可存放两三天。开瓶后的酒可用专用瓶塞或原软木塞密封，最好用真空泵抽出空气，然后储藏在冰箱中。

现在市场上有很多小工具，可以辅助葡萄酒的开瓶和饮用。例如瓶环，将其套在瓶颈上，在倒酒时就可以避免酒流淌到酒瓶外壁；将倒酒器套在酒瓶上直接倒酒，酒不会洒出来；还有一种瓶塞是金属加橡胶的，可以保存未喝完的酒；还有开帽器，在瓶口上一转，即可打开瓶帽。

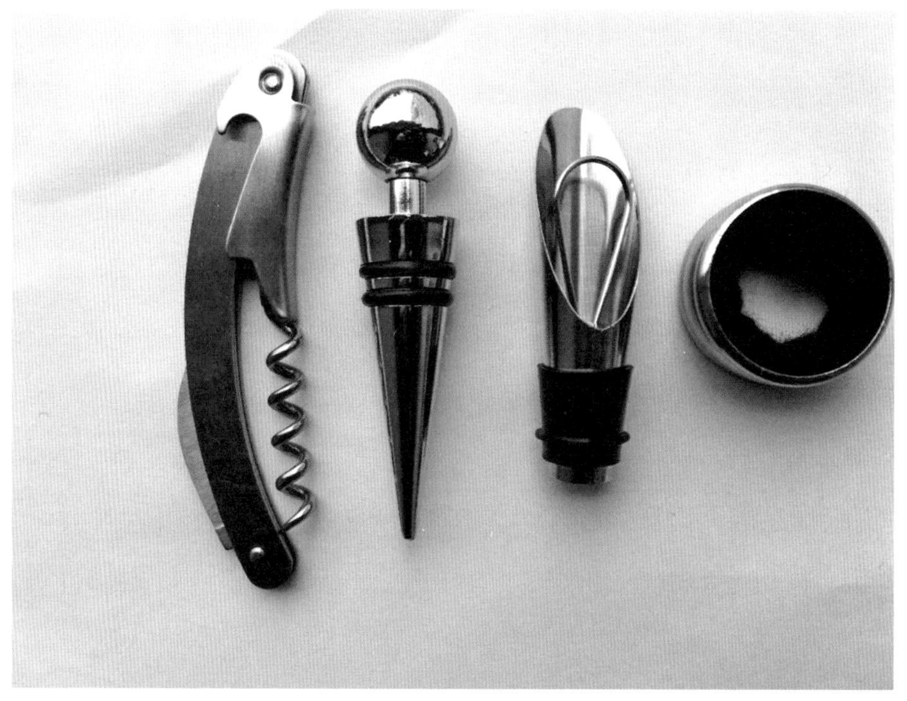

从左到右：侍酒师刀、瓶塞、倒酒器、瓶环

醒酒

醒酒

葡萄酒长期被封存在酒瓶中，需要用新鲜空气唤醒它，这就需要醒酒这一步骤，醒酒其实是使酒氧化。醒酒有三方面的好处：其一，扩散掉葡萄酒因长期贮存而产生的异味；其二，使葡萄酒中的单宁物质变得柔和，使酒液不至过于涩；其三，使酒中的香味物质和特色更好地发挥出来。

醒酒器是用来醒酒的工具，通常是无色透明的玻璃材质，比较高档的是用水晶玻璃制成的。传统的醒酒器为圆锥形，底部较大，这样一瓶酒倒入醒酒器内，酒的液面和空气的接触面积会很大。有的陈年老酒酒力较弱，这就需要选择腰身较窄的醒酒器。还有一种醒酒器，上面有一手柄，整体为鸭身型，既方便醒酒，瓶中的酒也很容易全部倒出。如果时间紧急，还可选快速醒酒器，使酒流过一个小孔，然后呈喷射状落下，充分接触空气。近些年还出现了电动醒酒器，往瓶中一插，大量气泡涌起，30 秒钟就可以完成醒酒了。

醒酒器

醒酒过程

一般来说，需要醒酒的是红葡萄酒，根据不同酒的差别，醒酒时间不同。经过橡木桶陈酿较长但较年轻的酒，酒力是很强劲的，这种酒醒酒时间长，需 1~2 小时；经过橡木桶陈酿但年份较老的酒，酒力变弱了，醒酒只需半小时。未经陈酿的红酒不用醒酒，新鲜时饮用即可。

葡萄酒存放时间长了之后，单宁等物质会形成结晶，使酒中出现沉淀物，这对酒的质量并没有影响，但喝到沉淀物总会感觉很不舒服。葡萄酒瓶的底部有一个凹槽，作用是使沉淀物都留在瓶底而不易被倒出来。或者可以准备一个不锈钢的滤网把沉淀过滤出来。

如果没有醒酒器，也可以预先把酒倒入酒杯内，摇晃酒杯以加速氧化。如果动作不熟练，怕把酒液溅出，可以按住杯座在桌子上水平摇动。如果已经醒好的葡萄酒就不要再摇动了，这样反而对酒不利。

摇动酒杯醒酒

冰镇葡萄酒

冰镇

葡萄酒只有在适当的温度下饮用，才能真正发挥其风味儿，尤其是白葡萄酒，饮用前必须冰镇，这可以使其酸味降低，更加爽口。葡萄酒在中国刚流行起来时，曾有人把葡萄酒、冰块、雪碧、柠檬混合在一起喝，这种做法是错误的。随着国人对葡萄酒的深入了解，已经很少有人再犯这样的错误了。但如何掌握正确的冰镇方法，大家可能还需要了解一下。

总的来说，葡萄酒的饮用温度大体上应是白葡萄酒低于红葡萄酒，清淡型的低于浓郁型的，甜酒低于干酒。葡萄酒种类繁多，饮用温度不尽相同，全部记清楚，是不容易的。我们只要记住几种主要葡萄酒的适饮温度就可以了。红葡萄酒的适饮温度为 14~18℃，一般红葡萄酒不需要冰镇，室温下饮用即可，但特别新鲜的红葡萄酒，如薄若莱新酒则需要冰镇到 11~13℃。白葡萄酒的适饮温度为 8~12℃；香槟酒（起泡酒）更低些，为 5~9℃。

冰镇葡萄酒

冰桶降温葡萄酒

冰镇酒最好用冰桶，冰桶大多为不锈钢材质，也有玻璃的。在冰桶内加入冰块和冷水，如需尽快冷却，还可以再加点儿盐。注意在冰镇过程中酒不要开启，以免香气散失。在开始饮用后也不要换瓶，用酒瓶直接倒酒，倒酒后酒瓶仍置入冰桶中，以避免酒温上升。如果没有冰桶，就只能选择冰箱的冷藏室降温了，但切忌放入冷冻室，以免冻裂酒瓶。

观察

当你倒出一杯葡萄酒后，先将杯倾斜 45 度，观看酒的颜色。红葡萄酒的颜色非常丰富，且极具变化性。它的多样性主要在于葡萄品种的不同，如赤霞珠、蛇龙珠、品丽珠等酿成的葡萄酒，其颜色通常是鲜艳的宝石红，而黑比诺等酿制出来的酒则呈紫红色。葡萄酒从开始酿造到贮藏装瓶到品用，随着贮藏时间的增长，生命的生长，其颜色也在不断地变化。新酿成的葡萄酒颜色通常为鲜红色和紫红色；成熟的葡萄酒颜色则为宝石红和深红色；而贮藏多年的葡萄酒颜色则更深。侧杯时，能观察到酒色变成暗红或棕红。

观察酒色

观察酒色

另外，红葡萄酒在贮藏过程中，酒中的单宁与花色素苷发生缩合反应，形成单宁—花色素的复合物，其颜色比较稳定，使红葡萄酒带有黄色色调，是决定红葡萄酒颜色的主体。而单宁是决定红葡萄酒酿制好坏的一个重要成分，因此，葡萄酒的颜色可以反映出一款酒的成熟状态及诸多其他的信息。

闻香

酒刚从密封很久的瓶中倒出，习惯于瓶中环境的它，需要在杯中舒展一下自己的曼妙身姿，呼吸一下新鲜的空气，此时轻摇酒杯，让葡萄酒更充分地与空气接触，将它蕴藏的香气层层释放，此时，你可同时观其“泪”闻其香。

摇晃酒杯，酒液在杯内优雅地旋转后，杯壁上留下含香的“酒泪”，“酒泪”越厚，流下的速度越缓慢、均匀，则说明酒中的酒精和糖分越高，反之则少。当“酒泪”缓缓流下时，将鼻尖探入杯中，短促地吸气闻味儿，捕捉渐渐释出的香气。好的红葡萄酒，其香气是渐次而出的，如正在绽放的花朵，一层一层将其迷人的面容展现，然后继续它的生命，在空气中变化出更多、更馥郁的香气，优雅地呈现在你面前，让你为之倾倒。

闻香

摇晃品酒杯

葡萄酒的闻香一般分两步进行：

第一步是在杯中的酒面静止状态下，把鼻子探到杯内，闻到的香气比较幽雅清淡，是葡萄酒中扩散最强的那一部分香气。

第二步是手捏玻璃杯柱，缓缓地顺时针摇晃品酒杯，使葡萄酒在杯里做圆周旋转，酒液挂在玻璃杯壁上，这时，葡萄酒中的芳香物质大都能挥发出来。

停止摇晃后，第二次闻香，这时闻到的香气更饱满、更充沛、更浓郁，能够比较真实、准确地反映葡萄酒的内在质量。

品尝

品尝

当你捕捉到葡萄酒的迷人香气时，就会被它深深地吸引住，禁不住要拥吻它，感受它的全部，让酒液进入口腔，漫过舌面，在口腔里如珠玉般滚动。当丝绸般的酒液滑过舌尖时，你会感觉出酒中的甜味儿，继而是舌面的酸，舌根的苦。

红葡萄酒的单宁一般较重，口腔中能明显地感觉到紧紧包裹着牙齿的单宁涩，但好的葡萄酒单宁平衡较好，酒液在口腔中会如珍珠般圆滑紧密，如丝绸般滑润缠绵，让人爱不释口。

吐酒

好酒需要知己的欣赏。如果想完美地了解它、欣赏它，有时就不得不舍弃一些，这就是鉴赏过程的最后一步：吐酒。

当酒液在口腔中充分与味蕾接触，舌头感觉到它的酸、甜、苦味后，再将酒液吐出，此时要感受的就是酒在你口腔中的余香和舌根余味。余香绵长、丰富，余味儿悠长，就说明这是一款不错的葡萄酒。

葡萄酒的鉴赏要点

外观

鉴赏葡萄酒的外观，从开瓶倒酒入杯就已经开始了。质量上乘的葡萄酒在倒入杯中时，酒液富有流动性且有响声，杯中酒液的表面会形成一些小气泡和几个较大的气泡，小气泡很快就会不见，较大的气泡保留的时间更长些。因此，我们可以判断，如果葡萄酒倒入酒杯时无响声、无气泡、流动性差，甚至呈油状，就可以证明该酒质量不好，甚至已经过期。

倒好酒后，我们须进一步观察葡萄酒的液面。好的葡萄酒的液面应呈圆盘状，洁净、光亮、完整。相反，如果葡萄酒的液面灰暗、无光，则表明该葡萄酒的质量不好。

最吸引我们眼球的莫过于葡萄酒的色泽。颜色虽然不是葡萄酒真正的质量指标，但质量上乘的葡萄酒的颜色应当是明亮、清澈、充满魅力的，而且我们可以通过观察颜色来判断葡萄酒的醇厚度、酒龄和成熟状况等。例如，如果一杯红葡萄酒的颜色深而浓，几乎是半透明的，那么这酒应该比较醇厚、丰满、单宁感强。相反，颜色浅的红葡萄酒则味淡，但这酒如果较柔和，味醇香，也算是好酒。另外，酒龄对葡萄酒的色调影响很大。年轻的红葡萄酒一般颜色较艳丽，呈紫红色或宝石红色，这是由于其中含有大量游离的花色素苷；而酒龄在三年以上的红葡萄酒，由于游离花色素苷的逐渐消失，呈瓦红或砖红色。

观色

品评葡萄酒外观，一定不能忽视其澄清度与透明度。虽然沉淀物并不是质量问题，也不影响味道，但是从观感的角度来看，有沉淀物总是不好的。对白葡萄酒来讲，澄清度直接影响透明度；而红葡萄酒的澄清度则与颜色相关，如果颜色很深，即使澄清的也不一定透明。

观察葡萄酒的澄清度与透明度

香气

闻香是鉴赏葡萄酒时非常重要且富有情调的一个环节，无论是何种葡萄酒，优质酒的香气应是缓慢、柔和地弥漫开的，而那些气味快速冲进鼻腔之中，并带有明显酒精味的酒必定质量差。要鉴赏葡萄酒的香气需要进行三次闻香，下面我们简单介绍一下。

把酒液缓缓注入杯中后，先不要动酒杯，此时进行第一次闻香，慢慢地吸入酒杯中的空气，感受从酒表面扩散出的最强的香气。第一次闻香时并不能闻到很浓的香气，一般闻到的多为果香。

把酒液缓缓注入杯中

第一次闻香后，缓缓摇动酒杯，使葡萄酒在杯中做圆周运动，使得酒体更多地接触空气，进行氧化，以释放出更多浓郁、纯正的香气。摇动酒杯一两下后立即闻香，这是第二次闻香。第二次闻香的过程非常重要，所闻到的是酒香或陈酿的香气。

第二次闻香结束后，猛烈摇动酒杯，然后进行第三次闻香，这次闻香的目的是鉴别香气中的缺陷，如葡萄酒中的醋味儿、氧化味儿、霉味儿等令人不悦的味道。

一般来说，“新世界”葡萄酒的香气很浓，会瞬间给人很惊艳的感觉；欧洲传统葡萄酒的香气是分层次的，香气释放得比较缓慢，这就需要充分的时间醒酒并用心品味。

缓缓摇动酒杯

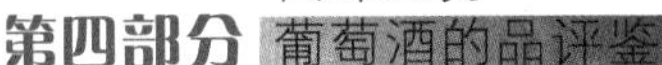

口感

口感是指葡萄酒在口腔内的质感。葡萄酒的口感很复杂，因此品鉴其口感是很不容易的。口感厚实的葡萄酒，我们常用肥硕、丰满、有骨架、有结构感等词汇来形容。而如果葡萄酒成分不够、缺乏筋肉，则可以用薄、干瘪、干硬、瘦弱等词汇来形容。对口感的鉴赏，通常从甜味儿、酒味儿、酸味儿、涩味儿、余味儿等方面考察。

甜味

葡萄酒中的甜味物质主要有糖和醇两大类，是它们决定了葡萄酒是柔和、肥硕还是圆润等。糖来自葡萄果实，主要包括葡萄糖、果糖、阿拉伯糖、木糖等，在半干至甜型葡萄酒中含量较多，干型葡萄酒中并非完全没有，只是量少。糖对葡萄酒的口感影响较大，如果糖与其他物质不平衡，葡萄酒的口感就会过于柔弱或甜腻。醇类甜味物质是在葡萄酒发酵过程中形成的，主要包括乙醇、甘油、丁二醇、肌醇、山梨醇等。这些醇本身带有甜味，并且能够明显增强糖的甜味，因此它们可以补充葡萄酒本身的味道，使葡萄酒的品味更加醇厚。

酒味

葡萄酒中的醇会形成酒精味，也就是我们说的酒味。只有醇的含量与其他物质平衡，葡萄酒的味道才会好，如果醇含量过高，酒精味就会太明显，从而掩盖住葡萄酒的厚实感；如果醇含量过低，酒味就会过于平淡，醇厚性和肥硕感就会不明显。形容酒度从低到高的词汇是淡寡、淡弱、淡薄、瘦弱、热、灼热燥辣、醇厚。淡寡的葡萄酒各种特征都不明显，如同兑了水一般；淡弱的葡萄酒酒精度数低、口味淡；淡薄的葡萄酒酒度偏低、不丰满；瘦弱的葡萄酒酒味淡薄而不平衡；热是因为酒精度数高而引起的热感；灼热燥辣是由酒度过高而引起的强烈的热感；醇厚是说葡萄酒既具有高酒度，又平衡和谐。

酸味

葡萄酒中的酸味主要是由一系列的有机酸引起的，如酒石酸、苹果酸和柠檬酸等。大多数有机酸在葡萄酒中以游离状态存在，它们一起构成了葡萄酒的总酸。还有一部分酸会与葡萄酒中的碱反应，之后形成盐，但这不会直接影响酒的酸味。一般来说，由酸度最强的苹果酸引起的爽利、清新的酸，可以使干白葡萄酒和新红葡萄酒给人留下清凉微酸的舒适感。而由酒石酸引起的酸则尖酸、生硬，带有粗糙感，大多在后味上表现出酸味，会给人带来不舒适的体验。苹果酸虽然能带来好的口感，但也不是说越多越好，只有酸度平衡、适中的葡萄酒，才是最好喝的。如果酸度不够，葡萄酒就显得平淡、乏味；如果酸度过高，葡萄酒又会生硬、粗涩。

涩味

涩味是指酒在口腔中引起的干燥和粗糙的感觉。通常来说，当我们用舌头舔口腔、牙床、牙齿和嘴唇时，会感觉光滑湿润，而涩味会阻碍舌头的滑动，使舌头感觉口腔很粗糙。葡萄的果皮和种子中含有一种物质，叫单宁，它就是葡萄酒涩味的主要来源。单宁是构成葡萄酒主体的成分，单宁含量高，葡萄酒就会丰满浓郁，具有结构感，回味悠长，而且耐储藏。红葡萄酒的单宁含量一般较高，每升为 1~3 克，但经过陈酿以后，单宁的味道会变得柔和，还参与了葡萄酒醇香的构成，变得协调。白葡萄酒中的单宁含量低，每升只含几十毫克，因此酸涩感不明显，更容易入口。

余味

当我们将口中的葡萄酒咽下或吐掉后，口腔中还会存留着多种感觉，这是因为在口腔、咽部、鼻腔中还充满着残余的葡萄酒及其蒸汽，这就是余味。不同的葡萄酒的余味的长短和舒适度是不同的，因此余味在确定葡萄酒的等级和质量方面也发挥着很大作用。一般来说，优质白葡萄酒的余味香而微酸、清爽；优质红葡萄酒的余味醇香、浓厚。

尊贵奢华——葡萄酒的选购和收藏

如何选购葡萄酒

法国波尔多葡萄酒

评判葡萄酒的好坏

通常我们会从酒的质量、价格、品牌影响力及消费者的喜好等方面来评价一款酒的好坏，那些出自名门的酒都是有口皆碑的好酒，比如波尔多列级酒庄的酒，这样的酒一般不会让人失望。那些在权威葡萄酒大赛中获奖的产品，或是获得著名评酒人认可的葡萄酒也都可以列入好酒之列。

从消费者的角度讲，那些品质良好、口感柔顺的酒也是好酒。不要以为价格高就是好酒，因为在酒价中，酒的包装也占了很高的成本，往往有一种华而不实的感觉，还有一些市场上流行的品牌往往会把广告费用包含在价格里面，相比而言，反倒是一些中小酒厂的产品更实惠。

概括来讲，那些适合自己口味又能够买得起的酒就是好酒。目前市场上 40~50 元一瓶的干红葡萄酒质量不错，非常适合中国人的口感，80~120 元的进口酒在品质和口味上也都不差，可以买来一试。

法国波尔多葡萄酒

去哪儿购买好葡萄酒

目前，国内葡萄酒的销售渠道主要有以下三个：

大型超市

从目前中国葡萄酒的销售流通领域来看，商业连锁店是主要销售模式。家乐福、沃尔玛、天客隆、京客隆等大型超市通常都设有葡萄酒销售专区，品种及品牌繁多，并标有产地，方便消费者选购。

葡萄酒专卖店

葡萄酒专卖店是一个理想的购买葡萄酒的场所，这里不仅品种齐全、分类细致，而且服务人员都经过专业培训，有的甚至是葡萄酒专家，只要说出你的要求，他们准会帮助你做出一个满意的选择。

葡萄酒专卖店

葡萄酒专卖店

品牌专卖店

为了给众多葡萄酒爱好者提供方便，很多葡萄酒厂家，例如张裕、华东、新天、王朝等企业的品牌专卖店已经陆续亮相。品牌专卖店主要是为了树立企业形象，如果担心会在别的地方买到假货，或就是喜欢某个品牌的某个产品，不妨去品牌专卖店看看。

现在喝葡萄酒已成为日常生活的一部分，各种各样的葡萄酒让我们眼花缭乱，陌生的产区、第一次听说的酒名以及各式各样华丽的酒标都让人无从下手。但如果能了解一些葡萄酒的基本用语，可能会对你有很大帮助。

张裕葡萄酒

张裕葡萄酒

“旧世界”的葡萄酒与“新世界”的葡萄酒相比虽然价格稍贵，但葡萄酒品质相对更加优良，且口感丰富，尤其是法国和意大利，那里的酒庄拥有悠久的葡萄酒酿造历史，不仅能酿造出适合大众消费的一般葡萄酒，也能酿造出世界级名酒。“新世界”的葡萄酒与“旧世界”的葡萄酒相比价格略低，但其质量亦有保障，且品种齐全，高中低档皆备。我们都可以从这两大产地中找到适合自己的葡萄酒。

阿根廷苏特酒庄“征服者”葡萄酒

阿根廷原装进口葡萄酒

选购葡萄酒的方法

根据价格选择葡萄酒

事实上最方便的一种方法就是据价择酒，因为葡萄酒的品质与价格是密切相关的，换句话说，价格是衡量葡萄酒质量的标准之一。葡萄酒的价格千差万别，从几十元、几百元到上万元不等，一般情况下，“新世界”葡萄酒也就是智利、阿根廷、澳洲等地的酒会较便宜一些。买来用于日常饮用的，选择“新世界”的二三百元的葡萄酒即可；如果作为礼物送人，则应在葡萄酒专卖店里选择高档一些的比较合适；在高级酒店或饭店里用餐，800~1000 元的酒就很合适。

白葡萄酒配沙拉

根据类型选择葡萄酒

葡萄酒按入口的质感，可以分为口感轻盈、口感适中、口感浓郁三种。每个人的喜好和口味儿都是不同的。同时，根据饮酒的场所、饮酒者的取向、餐桌上饮食的不同，选择的酒自然也是不同的。白天应选择酒体轻盈的葡萄酒，自由时间较多的晚上则选择酒体适中或浓郁的葡萄酒；如果与沙拉或是海鲜类搭配一般会选择白葡萄酒，如果准备的食物以肉类为主就应选择酒体适中或浓郁的红葡萄酒。

澳大利亚曼达岬白葡萄酒

根据场合的不同选择葡萄酒

朋友、同事聚会时可以选择较经济实惠的葡萄酒，但如果是重要的场合就应该选择一些质量更好的葡萄酒，一般可以选择“旧世界”葡萄酒，但“新世界”的葡萄酒中也有高级葡萄酒，也可以多留意一下。

不同的葡萄酒酒标

根据酒标选择葡萄酒

葡萄酒的酒标汇集了葡萄酒的重要信息。首先我们可以看一下葡萄酒酿造的年份，也就是“vintage”。一般情况下从酿造年份算起红葡萄酒3~5年、白葡萄酒2~3年的就应该是不错的葡萄酒。当然，选择品质特别出色的葡萄酒时，年份有时也并不是那么重要，这时应多注意参考酒标上的葡萄酒等级或品阶等。最后，还应该看一下葡萄酒的品种，因为决定葡萄酒味道、香气、基本构造的一个很重要的因素就是葡萄的品种。一般人喝过几次葡萄酒后，就可以大体知道自己对葡萄酒品种的喜好。

除法国之外，基本上所有国家的葡萄酒酒标上都会标示葡萄品种。没有标明葡萄品种的，只能通过生产地的主要葡萄品种进行推测。

选购葡萄酒的误区

1. 挂杯就是好酒

好酒确实会挂杯，但挂杯的可不一定都是好酒。好的葡萄酒还要通过观色、闻香、品尝等多种形式来判断。

2. 陈酿酒一定是好葡萄酒

有的人总认为经过橡木桶陈酿后的葡萄酒才是优等酒，其实这种想法不完全正确。有些葡萄酒就不需要也不能陈酿，而应该趁新鲜的时候饮用。像澳大利亚、新西兰、智利等新世界国家酿制的适合趁新鲜时饮用的高品质酒，一经陈酿后品质反而会降低。

3. 包装精美就是好酒

“以貌取酒”是万万不可取的。一些质量上乘的进口葡萄酒并没有精美的包装，但却是名副其实的好酒；反之，一些山寨酒虽然包装华丽，但却是低端次级酒。

4. 价格昂贵就是好酒

现在有一些不法商家会将十几元的原料勾兑成价格昂贵的“名牌”高价酒，可见价高不一定就是好酒。反之，新世界葡萄酒国家售卖的一些百元左右的葡萄酒中，却不乏口感清新、果味浓厚、受侍酒师推崇的好酒。

Club68
2009
BORDEAUX
2009
SAVOIE
Château de Lucey
ROUSSETTE DE SAVOIE

学会看酒标

看到一个人的身份证，我们就可以了解一个人的籍贯、年龄等基本信息，而酒标之于葡萄酒也具有这样的作用。酒标可以将有关葡萄酒的信息传递给我们，如葡萄酒的类型、葡萄品种、酒款年份、酒款产地等，消费者可以通过这些信息来选购葡萄酒。根据酒标在酒瓶上的位置，我们可将其分为前标（正标）、背标、颈标等。前标，顾名思义，在酒瓶的正面，消费者拿到一瓶酒，通常会首先看到它；背标在酒瓶背面；颈标则在酒瓶的脖颈处，面积较小。在传统的葡萄酒产区，人们一般只给酒瓶贴前标和背标。在香槟酒和一些新世界葡萄酒的酒瓶上会较多地看见颈标，但其一般是起装饰作用。

前标和背标

葡萄酒酒标

不同国家的酒标内容差异较大，但其表达的基本信息是差不多的，主要包括这款酒所用的葡萄品种、葡萄采收年份、生产单位名称及产品代码、酒精度、容量、装瓶单位及其地址等。另外，有的国家的酒标还会标上质量等级、酒庄、政府检定的号码等内容。

葡萄酒酒标

如果是选购原装进口的葡萄酒，就更不能忽略酒标上的信息了。首先，原装进口的葡萄酒的容量不是以 ml 计量的，而是用 cl，假如标的是 ml 就要注意了，那么该酒就有可能是进口灌装酒或是假冒进口酒。其次，原装进口的葡萄酒的生产日期标得很特别，以法国酒标为例，如 L7296A0611：58，L7 代表 2007 年，296 代表法国时间从元旦开始第 296 天灌装，A06 代表生产线编号，11：58 是那天精确的灌装时间。另外，原装进口葡萄酒的背面还标有国际条形码。条形码共 13 位，分为四部分：前三位是国家代码，由国际分配；接下来的五位为厂商代码，是厂商申请的；接下来的四位是厂商内部代码，由工厂自行确定；第十三位是校验码。通常来说，以 6 开头的是中国灌装葡萄酒，而以 3 开头的则是法国原装葡萄酒。

法国布朗玫瑰古堡干红葡萄酒

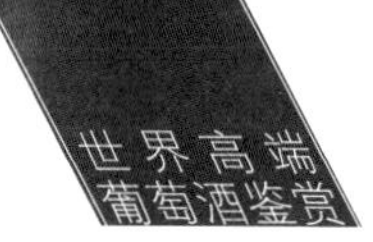

葡萄酒的优劣鉴别

观察葡萄酒的包装和外观

乐谷干红葡萄酒

中国从国外进口的葡萄酒有原装以瓶为单位和散装以升为单位的两种贸易形态。我们以进口法国葡萄酒为例做进一步说明：

法国红酒进口时是成箱装的，分 6 支装和 12 支装两种，没有任何盒类包装，市面上能看到的纸盒、木盒甚至皮质盒包装都是进口商家自己定做的。首先，我们观察其酒标。正宗的葡萄酒酒标字体清晰，如果字迹模糊则有可能是假酒。其次，看条形码。根据国际惯例，不同国家的条形码打头的数字是不同的，如中国的是以 6 廾头的，法国以 3 开头，澳大利亚是 9，美国是 0，智利是 7，德国是 4，葡萄牙是 5，原产地是西班牙的葡萄酒，条形码以 84 开头，等等。同时背标也不能忽略。中国法律规定，所有进口食品都要加中文背标，现在商检局规定进口的葡萄酒要贴上具有完整信息的中文背标。因此如果我们看到一瓶进口酒没有中文背标，那就有可能是走私而来，或是假酒。

另外，我们还可以看一下葡萄酒的外观。法国葡萄酒的酒瓶大多比较精致且瓶底较深，国内酒瓶则较浅。进口的法国红酒的瓶底会用带凹凸感的英文和数字表明容量和酒瓶直径等。其生产日期部分标在封口胶纸上，部分标在酒瓶封口胶纸下的玻璃上。还要检查酒瓶封盖有没有被打开或破坏的痕迹，未开封的酒，如果发现瓶塞凸起或瓶口有黏液则可断定该酒有品质问题。

法国红酒的瓶底

观赏葡萄酒

将葡萄酒倒入酒杯，轻轻摇晃，观察酒体是否能够挂杯。如果酒体不能挂杯，则该酒可能经过了勾兑。还有，可以观察葡萄酒的酒体颜色是否自然，质量上乘的葡萄酒酒色均匀，澄清透明，有光泽，而劣质的葡萄酒看起来要么浑浊，要么色泽过于艳丽，有明显的色素感。还要看葡萄酒里有没有不明悬浮物，当然瓶底有少许沉淀是正常现象，那是葡萄酒在熟化过程中正常的结晶体。

观赏葡萄酒

品味葡萄酒

质量好的葡萄酒打开后，会闻到扑面而来的酒香，或是清新的果香，或是芬芳的花香，但如果有指甲油般呛人的气味，或是醋酸味，则说明酒的质量有问题。

品饮第一口酒，酒液经过喉头时，应是平顺的，如果有刺激感则说明酒是劣质的。酒液咽下去后，残留在口中的气味应是清爽而令人回味的，如果有化学气味或异味，就要小心了。

什么叫挂杯？

轻轻地摇晃酒杯，让酒液在杯壁上均匀地转圈流动，然后停下来让酒液回流，注意这并不是挂杯。稍待片刻，如果你看到摇晃酒杯的时候，酒液达到的最高的地方有一圈水迹略微鼓起，慢慢地在酒杯的壁面形成向下滑落的“泪滴”，这才是挂杯。这是因为分布在酒杯壁周边的酒液产生了一种张力，使酒液不会很快地落下。因此人们常说，好酒会流泪。

进口凭据

为了准确地判断葡萄酒是否真的是原装进口，消费者可以让商贸公司出示进口的报关单，瓶装的报关税则号和桶装的税率税号是完全不一样的。

其他实用技巧

1．将葡萄酒倒在透明的玻璃杯中，放一点儿碱面进去，观察葡萄酒的变化。正宗葡萄酒的颜色会变深，化工色素勾兑的葡萄酒则不会变色。用这种在葡萄酒中加碱的方法可以简单快捷地检验葡萄酒的真假。

2．鉴别真假葡萄酒，还可以在葡萄酒中加盐酸或氢氧化钠溶液，真正的葡萄酒遇酸颜色会变深，而加入碱后颜色会恢复原状。化工色素勾兑的葡萄酒不管是加入酸，还是加入碱都不会变色。

3．将少许葡萄酒倒在一张质量较好的餐巾纸上，由于原汁葡萄酒的红色是天然色素，颗粒非常小，所以红色酒液会在餐巾纸上均匀扩散开，没有水迹扩散。而假冒葡萄酒是用化工色素勾兑而成的，因此红色的酒液不能均匀地在纸面上扩散，而会在纸面上留下沉淀物。

美国加州蒙大菲纳帕谷赤霞珠红葡萄酒

哪些酒具有投资潜力

可以用来投资的葡萄酒是指可以长期陈年并随着年份的增长而增值的葡萄酒。根据葡萄酒收藏史可知，能用来投资的葡萄酒仅有不到百种。从传统角度来说，提到投资级葡萄酒，便是波尔多顶级红酒、顶级甜白酒和波特酒。近几十年来，美国加州纳帕谷的顶级红酒吸引了世人的目光，其投资回报丰厚，被公认为投资级葡萄酒，不少葡萄酒收藏家都将其收入了酒窖中。除波尔多和纳帕谷红酒外，还有极少量的意大利、澳大利亚和西班牙的顶级红酒可纳入投资级葡萄酒的行列。

法国波尔多红酒

另外，有些人会进入一个误区，他们认为具有陈年潜力的葡萄酒就一定是投资级葡萄酒。实际上，有些具有陈年潜力的葡萄酒增值率并不高，因此不会被作为投资级葡萄酒收藏。下面我们介绍一下具有收藏或投资潜力的葡萄酒的特点。

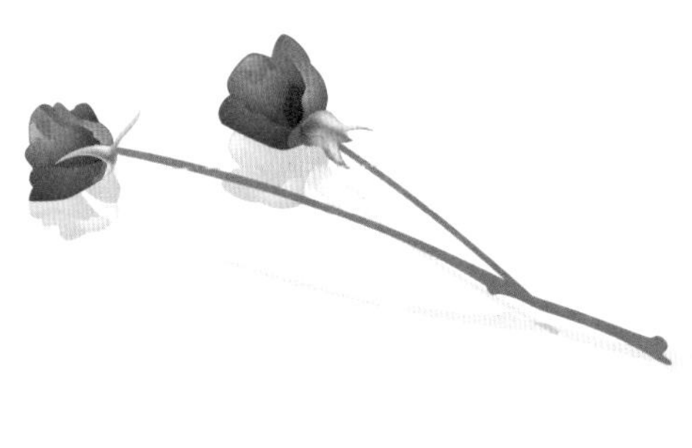

法国玛歌庄葡萄酒

长期陈年的能力

投资级葡萄酒首先要具备的条件就是可以长期陈年。具备长期陈年能力的葡萄酒很多，但如果考虑到葡萄酒的价格、历史和产地声誉的话，就可以将大部分都排除掉。影响葡萄酒陈年潜力的因素很多，包括酿酒葡萄的选择、酿酒技术的运用、酒瓶的容量和存酒的恒温恒湿条件等。

法国拉图庄葡萄酒

产量稀少

一般列级酒庄的正牌酒年产量为20万~30万瓶，将其分散到世界各国的市场上后，就显得弥足珍贵了。另外，由于顶级葡萄酒可以长期陈年，这类酒会随着窖藏时间的推移不断升值。

Grand Vin

Chateau Latour

法国拉菲庄园干红葡萄酒

法国小木桐干红葡萄酒

必须是世界知名品牌

我们都知道质量和数量对于商品价格的作用不是绝对的，葡萄酒也不例外。品牌的知名度对于顶级葡萄酒是否属于投资级葡萄酒的影响力也是很大的。顶级葡萄酒的品牌知名度是通过不同方式建立起来的。最典型的就是法国那些拥有悠久历史的著名酒庄，比如五大列级酒庄拉菲、拉图、玛歌、木桐和红颜容，其声誉是在数百年的历史发展中建立起来的。另外，名人效应对品牌的影响也很大。比如柏图斯酒庄的品牌之所以声名鹊起就是因为其女庄主将该酒庄的葡萄酒呈给英国王室享用，并受到了王室的钟爱。纳帕谷顶级葡萄酒引起世人关注则是因为在由法国著名评酒人士组成的评酒团对纳帕酒园和法国顶级酒庄的红白葡萄酒盲评中，纳帕酒园的红、白葡萄酒均获得第一，因此该产地和酒庄（园）迅速蜚声世界。

酒质优良

葡萄酒是需要小心呵护、妥善保存的，如果在保存过程中出现温度过高、湿度太大、受强光照射、经受震动等情况，都会影响葡萄酒的质量，甚至导致葡萄酒变质。葡萄酒质量一旦受损，即使出身再高贵，也就没有任何价值了。

智利活灵魂庄园葡萄酒

美国加州乐事红葡萄酒

具有增值潜力

投资级葡萄酒的价格必须能显著增值，也就是说必须具有增值潜力。如果葡萄酒增值不显著，就不属于投资级葡萄酒了。因此，投资葡萄酒要慎重，需要考察其价格历史，包括拍卖价格史、新酒上市价格和价格增值史、酒庄（园）发展史等。在考察价格时要注意的是，有些酒虽价格极高，但却不是投资级葡萄酒。

葡萄酒的投资要点

购买好年份的顶级酒

葡萄酒属于农产品，其质量会受大自然的影响，不同年份生产的葡萄酒是有质量区别的。即使是顶级的酒庄酿造的投资级葡萄酒，不同年份酒的质量也有区别，可见年份对酒的质量的影响有多大。因此，收藏投资应购买好年份的顶级酒。

尽量购买大瓶装和整箱酒

拍卖市场是收藏的葡萄酒套现的主要市场之一。在拍卖市场中，750毫升的标准瓶葡萄酒因为太过普通，鲜有人问津，成交概率非常小，因此，收藏投资级葡萄酒应该购买大瓶装（1.5升、3升、6升和9升等）的葡萄酒。另外，整箱酒的投资价值也较高。对于用来投资的葡萄酒来说，葡萄酒储藏条件的好坏对酒的质量高低有重要影响，保存在原酒庄（园）木箱内的酒，由于保存条件良好，在拍卖时价格往往能增加10%~15%。

购买期酒

葡萄酒买家与酒商以预先签订合同、预先付款的方式购买指定葡萄酒，但需等待一段时间（通常是1~2年）后才能实际拿到的酒就是期酒。一般高级的酒庄（园）在好年份时会出售期酒。

世界葡萄酒生产中心的法国波尔多地区在20世纪70年代推出了期酒销售模式。他们在葡萄酒尚未装瓶的时候，就开始销售了。这对酒庄的运作很有利，期酒的出售为酒庄提供了稳定的资金来源，还加快了酒庄的销售速度。因为期酒的价格较低，通常只有成品酒价的一半，因此很多人把购买、销售期酒作为一种投资手段。比如，波尔多的酿酒商在葡萄酒尚处于陈年期时，会举办新酒品酒会之类的活动，一些葡萄酒买家会被吸引来，此时可卖出一大部分酒。当酒酿成后，酿酒商会请来知名的品酒家及酒商等为该酒正式定价。一般来说，买家在付款18个月后才能真正拿到葡萄酒。

收藏分散化

进行多元化投资是进行任何投资的通用法则，这条法则同样也适用于葡萄酒收藏。由于不同国家不同产区的好年份不同，所以在购买好年份酒时会分散到不同产区，这也就自然形成了收藏分散化。当然，也有一些葡萄酒收藏者钟爱某一品牌，为了集齐某一名庄的酒标而对其葡萄酒进行纵向收藏，这种情况不在此列。

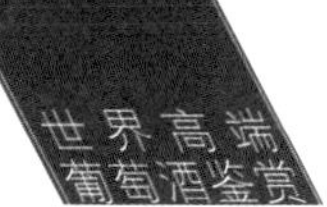

把握好购买时间

作为一种投资性商品，投资级葡萄酒的价格不会一成不变，它时而上升，时而下降，因此要掌握购买时机，了解并预测到价格的高低循环，这样才能在最佳时机购买和出售葡萄酒。投资葡萄酒和其他投资一样，都是有风险的。但投资葡萄酒有其他藏品不具备的优势，那就是时机不佳不宜出售时，还可以享受赏酒之乐。

葡萄酒基金

个人直接投资葡萄酒，即便仅仅是为了获利，也应该掌握充分的葡萄酒相关常识。首先要具备分辨葡萄酒是否具有投资价值的能力，还要有出售的渠道，即便是储存葡萄酒，没有专业知识和一定的投入也很难以保证葡萄酒品质不受损害，因此投资葡萄酒绝非易事。现在，一些金融机构逐步推出了葡萄酒基金，发行的规模也逐渐扩大。葡萄酒的购买以及葡萄酒的搭配比例等葡萄酒专业问题完全由基金公司打理，基金购买者只负责出资金，他们可能并不了解葡萄酒，不需要操心酒的储藏等问题，甚至有可能都没见过自己购买的葡萄酒是什么样子，就可以坐享葡萄酒带来的收益了。葡萄酒基金是一种葡萄酒投资的新途径。

葡萄酒的储存

葡萄酒的储存环境

大家不要忽略这样一个问题：葡萄酒也是容易变质的。特别是那些比较贵的葡萄酒，一方面它们的品质会随着年头的增加变得越来越好，另一方面，如果储存不当，酒的品质就会下降。

在评价葡萄酒商店时，特别是当你计划大量购买葡萄酒或购买价格昂贵的葡萄酒时，一定要检查商店的储存环境。如果葡萄酒商店没有温湿控制系统，那么在夏天的时候购买葡萄酒，就应该格外小心了。

一般，档次较高的商店都有可以控制温度和湿度的葡萄酒储藏室，那里会存放一些比较昂贵的葡萄酒。同时，在比较好的葡萄酒商店中，大多数的葡萄酒瓶（除了那些廉价的葡萄酒）都是平放的。这样，酒瓶的软木塞就会保持湿润，封闭严密。如果干了，软木塞就会有裂缝或收缩，导致空气进入瓶中，从而使葡萄酒变质。

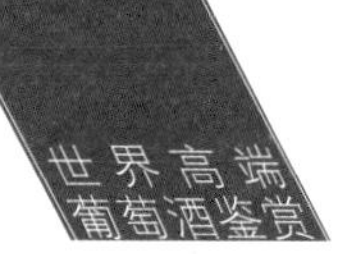

但是，葡萄酒的变质并不仅仅发生在零售环节。通常，葡萄酒的批发商和物流公司都没有适当的储存环境，因为天气的极端变化而造成葡萄酒变质的例子比比皆是，有的甚至在到达批发商那里之前就已经变质了。比如在冬天（或在夏天），葡萄酒会被长时间摆放在码头上，或者在没有空调设备的运输车中长途跋涉。当然，有经验的零售商在收到葡萄酒之前会检查酒的质量，如果葡萄酒发生了质量问题，他会把酒退回去。

储存的目的

现在越来越多喜欢葡萄酒的人对葡萄酒的储存产生了浓厚的兴趣，可能是因为对葡萄酒接触多了的缘故。近来随着葡萄酒酿造技术的发展，有好多酒不需要保存就可以直接饮用，所以现在很多人认为葡萄酒的保管不像以前那么重要了。这个想法是错误的，良好的储存环境对葡萄酒至关重要。

葡萄酒储存的目的就是希望通过正确的储存方法最大限度地保持或提高葡萄酒的品质。因为要提高葡萄酒的品质，不仅仅是在酿造厂的橡木桶或不锈钢桶里进行陈年，在装瓶后如果储存得当也可以使酒质得到很好的改善。

橡木桶储存

我们买了葡萄酒后，是立刻喝呢，还是先保存一段时间再喝？对此有以下几点建议：

便宜的葡萄酒

不需要保存，直接饮用较好。

价格低廉的葡萄酒一般不需要保存便可直接饮用。另外，与红葡萄酒相比，白葡萄酒一般不需要长时间保存，因为这对白葡萄酒来说没有太大影响。

中档的葡萄酒

首先要了解一下保存的时间：红葡萄酒通常为 5~10 年，白葡萄酒 2~3 年较理想。两种葡萄酒的保管时间之所以不一样，是因为两者有不同的生命周期。

葡萄的品种

在葡萄酒的保存方面，葡萄的品种也是影响它的重要因素。比如，赤霞珠有着坚固的构造，所以最适合长期保存；与之不同的是黑比诺，其质感比较柔细，那么用它制成的酒在保管时就需要多加注意。

生产年份

Vintage 原来是指葡萄收获的年份，现在与葡萄酿造年份一致，好的年份里生产的葡萄酒比不好的年份里酿造的葡萄酒更适于长期保存。

葡萄酒的储存方法

储存葡萄酒首先应注意储存温度

关于葡萄酒储存的合适温度，不同专家有着不同的见解。但是一般认为最理想的温度是常温，所谓的常温是指 18℃。如果气温经常变化，会对酒造成致命的打击，软木塞的防水功能也会受到影响。

应避免阳光直射与强光

葡萄酒在储存时应避免阳光直射或强光，因为热与光线会对葡萄酒的质量造成一定的损伤，特别是用透明瓶装的起泡酒或是有着浓郁芳香的白葡萄酒，强烈的光线会对它们产生很大的负面影响。

需要合适的湿度

在葡萄酒的储存中，保持一定的湿度是维持葡萄酒品质的必需条件，不然葡萄酒中的水分会通过干燥的瓶塞而蒸发，这样就会改变葡萄酒的构造。通常情况下应保持在 70％ ~80％的湿度。

酒窖

橡木桶储藏

需在安定的场所或是通风较好的凉爽的地方保管

葡萄酒本身也会呼吸，它需要一个清洁安静的环境。应避免在有小孩子整天蹦跳的楼层或经常震动的地方保管。同时，如果是远途运输而来的葡萄酒，则需要给它一定的休息时间，这样它才会恢复原有的味道。

葡萄酒的酒瓶应放倒保管

这是因为如果把葡萄酒直立保管的话，瓶塞干燥，水分就会随之蒸发，从而破坏葡萄酒的构造。

法国葡萄酒专业月刊《La Revue du Vin de France》有着悠久的历史，它对葡萄酒保管列出了七项规定：

规定1：葡萄酒喜欢合适的温度；

规定2：葡萄酒喜欢恒温；

规定3：葡萄酒喜欢有湿气的地方；

规定4：葡萄酒喜欢阴暗的地方；

规定5：葡萄酒喜欢干净的空气；

规定6：葡萄酒喜欢安静的地方；

规定7：葡萄酒喜欢凉爽的地方。

长期储存与葡萄酒的变化

实验证明，在储存条件好的酒窖里储存的葡萄酒可以长期慢慢地达到最佳状态。1985 年份勃艮第哥德利安—香贝天村 AOC 等级 Chateau Bel Air 葡萄酒的鉴赏结果是：在酒窖里储存 2 年时排名第 15 位，但 7 年后却升为第 2 位，13 年后升到了第 1 的位置。

温度与光照对葡萄酒的影响

我们都知道，酒窖温度的变化会造成葡萄酒质量的变化，但是此实验证明光线对葡萄酒酒质的影响比温度更大，一般情况下在阴暗之地存放的葡萄酒更能保持其原有品质。

湿度标准

通常情况下大家认为酒窖的湿度应保持在 70%~80％，但在这个实验里，保存在 70％ ~100％湿度酒窖里的葡萄酒，并没有出现软木塞的腐味与霉菌的味道，所以从这里我们可以看出，湿度超过 80％也不会对葡萄酒的保管产生太大影响。

低于零下 4 度绝对禁止

温度问题已不是新的话题了，人们更担心昼夜温差变化很强的环境会对葡萄酒的品质造成影响，而季节变化造成的温差变化因较慢所以不会造成太大影响。高的温度下葡萄酒变化相对较快，低温下葡萄酒的变化则相对减缓。不管高温还是低温，有一点我们必须要明确，那就是一定不能在低于 -4℃ 的酒窖里保管葡萄酒。

葡萄酒保管的要点

我们知道葡萄酒一般要存放在凉爽、通风好、有一定湿度的地方。将葡萄酒存放在一个像蒸笼一样的地方保管是不明智的，同时它也不适合存放在有阳光直射或强光照射的地方，周边吵闹的环境会影响葡萄酒的安定，所以也不理想。

葡萄酒柜

正如以上所介绍的，葡萄酒的保管有各种各样需要注意的地方，葡萄酒是集水分（80%～90%）、酸、盐分、酒精、单宁、香味于一体的混合物，这些成分如果被持续地加热就会发生膨胀现象，这时葡萄酒里便会慢慢出现发酸的气味，时间一长，就会破坏葡萄酒原有的香气与味道。所以，在炎热的夏季，我们一定要更加注意对葡萄酒的储存管理。

葡萄酒储存专用柜应该是夏季里保管葡萄酒的最好场所，但是一定要保持一个恒温状态，温度一般在18℃左右。但是在一般家庭里保持这样的恒温并不是件容易的事，当然温度略有差别对葡萄酒的保管也不会产生太大的影响，问题是在炎热的夏季，密封的空气如果时间长了也会引起葡萄酒的变质，所以要特别注意。

就像在韩国人人都吃泡菜，所以储存泡菜的冰箱便应运而生一样，随着人们生活水平的提高和生活方式的改善，会有越来越多的人喜欢收藏葡萄酒，相信不久的将来，家用的葡萄酒冷藏柜会越来越普及。

葡萄酒储存专用柜

家中喝剩的葡萄酒的保管

家里喝不完的葡萄酒到底可以保存多久？这个问题一直困扰着一部分葡萄酒爱好者，从这一点上也可以看出葡萄酒在现代人们生活中的普及。

一般情况下，已开瓶的葡萄酒在夏天的放置时间不能超过 3 天，如果时间太长，葡萄酒就会出现酸化现象，这时再喝它就会感觉像喝醋一般，所以最好把它放在葡萄酒酒窖里保管。冬天可放置的时间比夏季要长 2~3 天。

酒窖

酒窖中的橡木桶

橡木桶与葡萄酒

酿酒厂的风景

葡萄酒与橡木桶的缘分由来已久。在酿造厂里，葡萄酒与橡木桶的亲密接触有两次，一是发酵过程中要在橡木桶中把葡萄破碎压榨后得到葡萄汁，二是把得到的葡萄汁放入发酵桶，这里提到的发酵桶，要么是不锈钢发酵桶，要么便是橡木桶。

葡萄酒与橡木桶的结合

橡木桶之所以在葡萄酒的酿造中发挥着巨大作用，有两个理由。首先，制作橡木桶的树木属于多孔木质，通过这些细小的孔状组织，桶内的葡萄酒可以与外面的空气进行接触，外面的氧气流入桶内并与葡萄酒里的酵母菌相遇，这样便产生了葡萄酒香与味道的变化，使香气更加浓郁，味道更加丰满。

另外，橡木桶内含有大量的单宁，在与葡萄酒接触的同时，可以补充葡萄酒中的单宁及香子兰香气。

橡木桶

橡木桶

世界上最有代表性的两种橡木桶

在葡萄酒的酿造厂里我们最常看到的橡木桶（陈年用橡木桶）主要来自两个国家，即美国与法国。有时也可以看到西班牙与葡萄牙制造的橡木桶。

美国产的橡木桶的原材料是白橡木，而法国则是用的黄橡木。美国产的橡木桶多孔，单宁含量过多，且香辛料味与甜味浓重。与之相比，法国用来制造橡木桶的橡木组织相当严密，通透性小，因此橡木的香味可以慢慢散发出来，维持了葡萄酒原有的香气。

橡木桶的寿命及最好的橡木桶

一部分列级酒庄或是高级葡萄酒厂会使用法国产的橡木桶。是否使用法国橡木桶在业界似乎已经成了显示葡萄酒酿造厂经济实力的标准。

橡木桶是有寿命的，通常情况下，它的寿命是四年，超过四年后可以把它当作旧货转卖给需要的人。

法国哪个地区的橡木最好呢？卢瓦尔河地区的利穆桑、阿利尔，中部地区的特兰雪森林，阿尔萨斯地区的浮士日山，还有勃艮第、侏罗区、萨瓦区等地都盛产橡木，这其中当属利穆桑、阿利尔及特兰雪森林的最好。

第六部分

6

漫游之旅——全球著名的葡萄酒产区

法国

法国是享誉全球的葡萄酒产地，生产葡萄酒有着悠久的历史，这里生产的葡萄酒一直备受推崇。目前法国著名的葡萄酒产区很多，主要有波尔多、勃艮第、香槟、阿尔萨斯、卢瓦尔河谷、汝拉、萨瓦、罗讷河谷、薄若莱、普罗旺斯、朗格多克－鲁西永、西南产区、科西嘉等。其中，最有名的产区为波尔多产区、勃艮第产区、香槟产区。

法国酒庄

波尔多葡萄园

主产区

波尔多产区（Bordeaux）

波尔多是个港口城市，位于法国西南部，是继巴黎、里昂、马赛之后的法国第四大城市。波尔多的气候与地理条件适宜葡萄生长，这里的优质葡萄品种有美乐、赤霞珠、品丽珠、长相思等。法国的葡萄园面积有 12 万公顷，每年生产葡萄酒约 8.5 万瓶。法国产的酒中最备受瞩目的是红葡萄酒，其口感柔顺细雅、极具女性的柔媚气质，被誉为“法国葡萄酒王后”。波尔多著名的红酒产区有美度区、格拉夫区、圣达美浓区和宝物隆区。其中，美度区有四个世界闻名的一级名庄，分别是拉菲庄园、拉图堡、玛歌酒庄、木桐酒庄，再加上格拉夫区的奥比安庄就构成了波尔多五大名庄。

美度

美度区是波尔多地区最主要的产区之一，位于波尔多左岸，分为美度和上美度，美度在北部，上美度在南部。美度区地势平坦，葡萄种植面积达 1.4 万公顷。美度区早在 18 世纪就已经是赫赫有名的葡萄酒产区了。1855 年，法国国王命令波尔多商会对波尔多产区的葡萄酒进行官方等级评定，结果美度区被评选出约 60 个特级酒庄。

格拉夫

格拉夫产区位于加龙河南岸，与北岸的美度区隔河相望。格拉夫地区气候、土壤条件良好，既生产红葡萄酒，也生产白葡萄酒，酒的质量较高。这里出产的红酒主要是用赤霞珠酿制的，另外混合了美乐和品丽珠，单宁味道不是很强劲，更为柔和；白酒是以赛美蓉为主，并混合了部分长相思酿制的。

格拉夫产区

勃艮第葡萄园

勃艮第产区（Burgundy）

勃艮第产区是与波尔多区齐名的著名葡萄酒产区，位于法国东北部，此地多为丘陵地带，属大陆性气候。如果说柔顺优雅的波尔多葡萄酒是“法国葡萄酒王后”，那么勃艮第葡萄酒就是“法国葡萄酒之王”，因为其口感刚劲。

勃艮第葡萄园的土质主要是石灰质黏土，此外还有花岗岩质、砂质等土壤。勃艮第人对于土质的甄选有着严格的要求，据说在中世纪时，勃艮第西都教会的修士们为了寻找适宜种植葡萄的土壤，曾用舌头舔尝土壤来分辨土质的好坏。现如今，葡萄农虽然不会再亲尝土壤，但他们依然非常重视土质的挑选，常常将葡萄园不同土质的土地划分成小块。

勃艮第的红酒通常不会混合不同品种的葡萄去酿制，因而葡萄的品种不多，主要就是红葡萄黑比诺和白葡萄霞多丽。黑比诺是一种对自然条件很挑剔的葡萄品种，最适宜生长在石灰质土壤中，而勃艮第正好为其提供了适宜的生长环境。霞多丽适应能力较强，世界各地都有种植，但勃艮第种植出来的霞多丽质量更为上乘，不仅口感丰满，还兼具强劲与细腻的风味。

勃艮第产区葡萄酒的生产组织主要有三种，分别是独立酒庄、酒商和酿酒合作社。独立酒庄实力雄厚、资金充足，拥有自己的葡萄园，一般会形成自身独特的风味。酒商酿酒则既使用自有葡萄园中种植的葡萄，也使用其他葡萄园内的葡萄。酿酒合作社没有葡萄园，他们通过收购果农的葡萄进行统一酿造和销售。

勃艮第的葡萄园按品质可分为四级，分别是特级葡萄园、一级葡萄园、村庄级法定产区、地方性法定产区。其中，夜丘、伯恩丘和夏布利三个地区分布着特级葡萄园，而一级葡萄园则数以百计。

勃艮第霞多丽干白葡萄酒

路逸吉哈·勃艮第白葡萄酒

夏布利金标白葡萄酒

夏布利干白葡萄酒

夏布利

夏布利位于勃艮第产区的最北部，气候偏凉，土壤表层有白色石灰岩，种植出的霞多丽有特别的矿石味道和浓厚的酸味。夏布利出产的葡萄酒中以用霞多丽酿制的白葡萄酒最有名，其已经成为顶级干白葡萄酒的代名词。夏布利产区的红酒均以夏布利命名，有四个等级。特级葡萄园生产的红酒质量最佳，酒精含量在11％以上，味道香醇柔和，标签上印有葡萄园的名称和一级荣衔的标志。一级葡萄园有30个，生产酒精含量在10.5％以上的葡萄酒，标签上有夏布利的字样、葡萄园名、年份和二级荣衔的标志。三等夏布利酒的酒精含量在9.5％以上，标签只注明夏布利的字样。四等夏布利酒是味道清淡的小夏布利酒，酒精含量很低。

夏隆内丘

夏隆内丘地理位置优越，是重要的商贸中心。这里生产的葡萄酒的价格虽然比勃艮第其他产区要实惠一些，但质量也是相当优秀的，其中最为著名的是吕利、梅尔居雷、日夫里、蒙塔尼和布哲宏五个以产区命名的红酒品牌。

夜丘

夜丘是勃艮第的核心产区，这里有很多非常有名的特级葡萄园，包括勃艮第最大的特级葡萄园伏旧园等。此地葡萄酒的特点是香气浓郁，酒质细腻，适宜陈酿。一般将其分为四个等级：特级葡萄园生产的葡萄酒是最高级的，酒标上会标注葡萄园名和酒名；如果酒标上标注着产区名和葡萄园名，那则是第二级酒；第三级红酒的酒标一般会标注村庄的名称或再加上一些特定葡萄酒的名字；第四级是以较大范围的地区名命名的红酒，质量较差。

勃艮第葡萄园

DRC 罗曼尼康帝酒园干红葡萄酒

伯恩丘

伯恩丘也是勃艮第的一个著名的葡萄酒产区，位于夜丘南侧，与夜丘合称为“金丘”，因葡萄成熟时放眼望去，那里会呈现一派黄金灿烂的景象。罗曼尼康帝酒庄和玻玛酒庄等是伯恩丘区最高级的酒庄，其生产的葡萄酒获得了世界各地人士的好评，其中以罗曼尼康帝酒庄的蒙哈榭白葡萄酒最出众。这款酒清香爽口，口感更复杂、丰富又不失细腻劲道，适于陈年，被誉为“世界干白葡萄酒之王”。

马贡

马贡产区地势平坦，葡萄种植面积超过了 6000 公顷，但葡萄园分布不集中。白葡萄酒、红葡萄酒和桃红葡萄酒在马贡区都有生产，其中最为人称道的是白葡萄酒。酿造白葡萄酒的葡萄以霞多丽为主，成品酒口感细腻，香气浓郁，价格也公道。红葡萄酒主要由黑比诺和佳美酿制而成，质量比白葡萄酒稍差。

香槟酒庄

香槟产区（Champagne）

法国香槟

香槟产区在巴黎的东北部，是法国位置最靠北的产区，偏低的气温，白垩质的土壤，为霞多丽、黑比诺和皮诺莫尼耶（即黑雷司令）葡萄的生长提供了良好的环境，这三种葡萄在酿制香槟的过程中发挥了重要作用。香槟是被保护的商标地名，只有香槟产区生产的起泡葡萄酒才能被称为香槟酒，其他地区生产的只能叫起泡葡萄酒。

马恩河谷、兰斯山与白丘是香槟地区最广为人知的三大产地。马恩河谷日照充足，拥有 2000 多年的种植葡萄和酿制葡萄酒的历史，种植的葡萄以黑比诺和皮诺莫尼耶为主，用其酿制出的香槟饱满丰润、气味芳香。兰斯山位置靠北，气候寒冷，葡萄生长期长，酸度高，因此该产区所产的葡萄特别适合酿制香槟。兰斯山产区的埃佩尔内镇是公认的探访香槟的首站。这里的年平均气温为 10.4℃，非常适合葡萄生长，城市周围的山丘上布满了葡萄园。镇上有一条名为“香槟大道”的街道，那里集中了目前世界上最大的香槟酒厂和香槟代理商。街道上的酒厂建筑具有古典风格，品味高雅，这些建筑与醉人的香槟酒共同构成了风格独特的香槟大道。白丘的葡萄园不集中，多分散于马恩河的南岸。白丘种植的葡萄品种只有白葡萄霞多丽，因此该产区的香槟酒都是用霞多丽酿造的。

阿尔萨斯琼瑶浆白葡萄酒

阿尔萨斯（Alsace）

阿尔萨斯在法国东北部，与德国接壤，因为历史问题，该区在领土归属问题上多次和德国交涉，因此此地酿制出的葡萄酒也受到了德国的影响。该产区主要出产白葡萄酒，不但酒的风味类似德国的酒，就连酒瓶的形状都是德国的长笛型。阿尔萨斯的葡萄种植面积约 1.5 万公顷，葡萄品种以琼瑶浆、雷司令、灰比诺为主。杰贝莎尔园的珍德・汉贝逐粒精选酒就是用这三种葡萄混合酿造的，馥郁芳香、回味深长。

葡萄酒名庄

拉菲庄园（Chateau Lafite）

波尔多美度区的拉菲庄园是世界顶级红葡萄酒酒庄，为五个一等酒庄之首。酒庄总面积为 178 公顷，其中葡萄园占 107 公顷。1354 年，一位姓拉菲的贵族创建了拉菲酒庄，在当时，拉菲酒庄就已经很有名了。1675 年，当时世界著名的酒业大亨希刚公爵购得了拉菲酒庄，后来几经辗转，1868 年，它被詹姆士·罗富齐爵士在公开拍卖会上以 440 万法郎的天价中标购得，此后拉菲庄园便一直在该家族名下。在拉菲庄园，一半以上的葡萄品种为赤霞珠，2~3 株葡萄树才能生产一瓶红酒，因此整个酒庄每年的红葡萄酒产量为 20 万 ~30 万瓶。拉菲庄园葡萄酒的产量根本供不上庞大的市场需求。每年葡萄未成熟时，拉菲酒的预定就已经开始了。年代久远的拉菲红酒更是存世稀少，因此受到红酒收藏家的狂热追捧。迄今为止，拉菲依然是世界上单支瓶装红酒最贵纪录的保持者。

拉菲

拉图庄园顶级葡萄酒

拉图堡（Chateau Latour）

拉图堡位于波尔多波伊雅克村庄南部的一个地势比较高的碎石河岸上，是法国的国宝级酒庄。酒庄拥有 65 公顷葡萄园，栽种着约 1 万株葡萄，其中赤霞珠的数量最多，美乐、品丽珠也占有相当的数量。拉图堡的酒的特点是酒体强劲厚实，并有黑加仑和黑樱桃的香味。拉图堡的葡萄酒分为三个等级，一等酒是“雄伟的拉图堡”正牌酒，二等酒是“拉图之堡垒”副牌酒，三等酒则以“波伊雅克”命名。其中，1982 年的拉图堡红葡萄酒得到了国际红葡萄酒界的一致好评，成为全世界最佳年份的顶级红酒之一。

玛歌庄园（Chateau Margaux）

玛歌庄园葡萄酒

玛歌庄园也是法国的著名酒庄，位于波尔多左岸的玛歌村，早在1855年就已经是一级酒庄了。在众多的著名酒庄中，玛歌庄园的一大特点就是恪守传统，庄园不仅坚持手工操作，而且在许多其他酒庄已经采用不锈钢酒槽进行发酵的情况下仍然百分百使用橡木桶发酵。玛歌酒的特点是酒体较轻，酒质精致幽雅，酒香富有层次感，兼具花香、果香和木香。玛歌庄园的正牌酒自20世纪80年代以来一直非常优秀，是法国国宴的指定用酒，但是在玛歌庄园年产量约2万箱的酒中，正牌酒只占了40％。玛歌庄园的副牌酒有两种：一种是叫“玛歌红亭”的红葡萄酒，是波尔多最早的名庄副牌酒，主要由树龄为10~15年的葡萄树的果实酿造而成，通常比正牌酒早3~4个月装瓶，酒龄较轻时饮用为好；另一种是白葡萄酒，名为“玛歌白亭”，通常是由长相思酿造的，口感细腻，回味悠长。

奥比安庄（Chateau Haut-Brion）

奥比安庄园顶级葡萄酒

奥比安庄又名“红颜容庄”，位于葛拉芙产酒区，距离波尔多市中心较近。奥比安庄的历史源远流长，早在14世纪时就开始种植酿酒葡萄，至1855年已遐迩闻名。目前奥比安庄的葡萄园面积约为72公顷，其中红葡萄品种包括美乐、赤霞珠和少量的品丽珠，白葡萄品种包括长相思和赛美蓉。奥比安酒的品质一直以来都禁得起考验，新酒香气馥郁，口感柔和纯正；陈年酒醇厚饱满、细致优雅。酒庄推出的酒主要有四款，分别为“奥比安”正牌红葡萄酒、“克兰斯奥比安”副牌红葡萄酒、奥比安教会白葡萄酒、“克兰特奥比安”副牌白葡萄酒。其中，红葡萄酒每年约产18万瓶，白葡萄酒每年约产2.5万瓶。

木桐酒庄（Chateau Mouton Rothschild）

木桐酒庄位于法国波尔多美度区的波雅克酒村，与拉菲庄园离得很近。木桐酒庄的葡萄园约为 82 公顷，其中数量最多的是赤霞珠，此外还有品丽珠、美乐、味而多。木桐酒庄最与众不同的地方是自 1945 年起，酒庄每年都会将一幅艺术家的绘画作品作为酒标，使得木桐酒带上了一丝艺术气息。艺术家设计酒标的费用是用 60 瓶不同年份的木桐庄酒和 60 瓶该年份的酒来抵偿的，因此，很多著名的画家都很愿意为木桐酒庄设计酒标。其中，1973 年，毕加索为之绘了一幅《酒神祭》，非常有名。而且这里面还有中国画家设计的酒标，1996 年和 2008 年的酒标分别是由古干和徐累创作的，具有浓厚的中国艺术气息。木桐庄别出心裁地将葡萄酒与美术艺术结合，迅速吸引了世人的目光，许多人为了收藏酒标而不断购买木桐庄酒。木桐酒庄葡萄酒的一大特点是带有浓烈的咖啡香味，主要分三个类型，即木桐庄正牌酒、木桐庄副牌酒、木桐庄干白，每年产量在 30 万瓶左右。就正牌酒来说，最佳年份有 1982、1986、1995、2000、2003、2005、2006、2008、2009、2010、2012、2014、2015、2016。

木桐庄园葡萄酒

木桐庄园葡萄酒

意大利

意大利是仅次于法国的世界第二大葡萄酒生产国，整个意大利几乎都有葡萄树种植。意大利生产的葡萄酒质量上乘、价格公道，出口量很大，同时也是意大利居民日常生活中不可或缺的一部分。意大利种植的葡萄品种非常多，有 2000 多种，葡萄酒产区划分与行政区划分一致，共有 20 个，其中名气最大的是托斯卡纳和皮埃蒙特产区。

主产区

托斯卡纳（Toscana）

托斯卡纳位于意大利中部，是意大利最负盛名的葡萄酒产区。托斯卡纳在欧洲久负盛名，以其美丽的风景和丰富的艺术遗产而著称，文艺复兴之城佛罗伦萨、海滨小城比萨和著名的古城西耶那三座历史文化名城都在托斯卡纳，因此托斯卡纳被称为“华丽之都”。

意大利葡萄园

托斯卡纳葡萄园

托斯卡纳以地中海气候为主，冬季温和，夏季炎热干燥，地形以丘陵为主，土壤主要是碱性的石灰质土和砂质黏土，这些都为红葡萄品种桑娇维塞的生长提供了良好的条件。桑娇维塞是意大利最常见的红葡萄品种，是意大利的特有品种，其他国家很少种植。托斯卡纳的红葡萄酒很受欢迎，最著名的八款酒在酒标上都标注了代表意大利葡萄酒最高等级的 DOCG 标志。这八款酒分别是意大利最昂贵的葡萄酒蒙达奇诺·布鲁奈罗和卡尔米尼亚诺、奇扬第、经典奇扬第、加撒稣洛的古典奇扬第、莫瑞里诺的红葡萄酒、厄尔巴岛甜酒、普乐恰诺山的贵族酒。

另外，还有一种葡萄酒名叫“超级托斯卡纳”，它在葡萄酒界的知名度非常高，是全球最顶尖的昂贵葡萄酒之一。超级托斯卡纳是一种不拘泥于等级标准的创新型葡萄酒，由一些强调独创性的酿酒师酿制，他们在葡萄品种、混合比率、酿制方法等方面对传统红酒进行了大胆革新，酿造出了这一独具特色的优质葡萄酒。如今，著名的超级托斯卡纳酒有西施佳雅和马塞多等。早在 20 世纪 70 年代中期，西施佳雅就已经成为备受世界各国人民欢迎的顶级红酒了，其特点是瓶盖为宝蓝色，以圆形蓝底八道金针为标志，酒的口感柔和细腻，酒香浓郁，因而被誉为“意大利的拉菲”和“最正宗的新派超级托斯卡纳葡萄酒”。

意大利巴罗洛瑞可莎内比奥罗 2007 干红葡萄酒

皮埃蒙特（Piemonte）

皮埃蒙特位于意大利西北部，知名度很高，早在罗马时代，这里就可以生产出质量上乘的葡萄酒。皮埃蒙特的葡萄园主要分布在连绵起伏的山坡上，那里土壤肥沃，葡萄成熟期的昼夜温差大，这使得葡萄皮聚集了很多的风味物质。皮埃蒙特的葡萄品种主要有内比奥罗、巴贝拉和莫斯卡托。其中内比奥罗是全球有名的葡萄品种，在意大利的种植面积很大。莫斯卡托则是皮埃蒙特最具代表性的白葡萄品种，用于酿制阿斯提起泡酒。

巴罗洛和巴比斯高是皮埃蒙特最著名的两大产区，它们不仅在意大利广为人知，在世界上也赫赫有名。巴罗洛所产的葡萄酒是内比奥罗的经典酒款，被誉为“王者之酒，酒中之王”。巴比斯高红酒的特点是柔和雅致、细腻滋润，适合在新鲜时饮用。

皮埃蒙特

西班牙葡萄园

西班牙

西班牙位于伊比利亚半岛，早在4000多年前就已经开始酿造葡萄酒，是旧世界葡萄酒国家的经典代表，也是继法国和意大利之后的世界第三大葡萄酒生产国。西班牙的葡萄酒产地几乎遍布全国各地，葡萄酒产区众多，主要包括里奥哈区、皮尼迪斯区、加利西亚区、多罗河的尤贝拉区、安达鲁西亚区等，其中知名度最高的是里奥哈区、安达鲁西亚区。西班牙葡萄酒的种类也很丰富，最受人们欢迎的是雪莉酒和起泡酒卡瓦，这两种酒已经成为西班牙葡萄酒的代表。

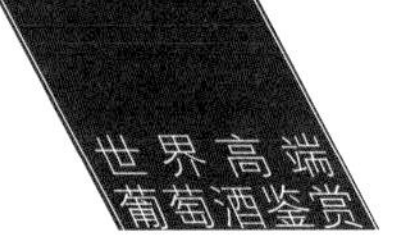

主产区

里奥哈区（Rioja）

里奥哈区是西班牙享有卓越声誉的葡萄酒产区，位于西班牙西北部，其酿酒历史悠久，已经有 2000 多年。此产区囊括了三种气候，分别是海洋性气候、地中海气候和大陆性气候。该产区主要种植添普兰尼诺葡萄，这是西班牙的名贵葡萄品种，酿制出的红葡萄酒质量上乘，经过陈年之后，口感更是醇美顺滑，广受好评。

西班牙里奥哈葡萄酒

西班牙蒙特卡迪卡瓦起泡酒

里奥哈区出产的葡萄酒有一半以上是红葡萄酒，采用传统方式收摘，运用二氧化碳浸泡法酿造，成酒带有浓烈的烧烤味和成熟水果的香气，酒色浓重，为樱桃红，适合在新鲜时饮用，颇受人们欢迎。此外，本地区还生产部分桃红葡萄酒和白葡萄酒。另外，里奥哈区还有一种名叫卡瓦的酒，这是一种起泡酒，可以说是“西班牙香槟”。1872 年，最早的卡瓦酒在法国巴塞罗那省诞生，后来扩展到加泰罗尼亚地区，并进一步传播到了西班牙的里奥哈区。卡瓦酒在酿造过程上和其他起泡酒没什么区别，但它所使用的葡萄都是经过精挑细选的。里奥哈区的人们选择在早晨时采摘葡萄，这是为了避免葡萄沾染秋季的热气。卡瓦酒主要是用马卡贝奥、沙雷洛、帕雷拉达葡萄酿制而成，各地酒厂使用三种葡萄的比例有所不同，因此卡瓦酒的口味具有地方特色。卡瓦酒可分为白葡萄起泡酒和粉红起泡酒两类，按照糖分由少到多，白葡萄起泡酒还可以依次划分为 ExtraBrut、Brut、ExtraSeco、Seco、Semi-Seco 和 Dulce，其中出口量最大的是 Brut 和 Semi-Seco。

伊达尔戈－菲诺雪莉酒

安达鲁西亚区（Andalucia）

安达鲁西亚区位于西班牙南部，南临大西洋、直布罗陀海峡和地中海，西班牙的各种文化精髓在这里产生了激烈碰撞。这里为毕加索的故乡，是弗拉门戈歌舞的发源地，世界上第一个斗牛场也在这里诞生。安达鲁西亚各地气候和土壤条件不同，风貌差异较大，因此该地区的葡萄品种很丰富。在不同人文情怀和自然环境的影响下，安达鲁西亚各地的葡萄园、酿酒工艺和葡萄酒风格也各不相同，形成了独具特色的璀璨格局。其中赫赫有名的葡萄酒产区是以生产雪莉酒闻名的赫雷斯和生产曼萨倪亚酒的圣卢卡尔－德－巴拉梅达，这两个地区的大葡萄园位于大西洋沿岸，并一直延伸到内陆。

安达鲁西亚最名贵的葡萄酒是雪莉酒，是以赫雷斯－德拉弗龙特拉这个城镇命名的。雪莉酒根据口感不同一般被分为两类，分别是Fino与Oloroso。Fino味道清淡、口感细腻、颜色较浅，几乎不需要任何调配。另外，须特别注意的是Fino易变质，开瓶后数小时之内要饮尽。Oloroso味道浓厚、颜色深、有点儿涩口，数量较少。还有一种由Fino培养而成的Amontillado，其颜色更深，是一种口感复杂的雪莉酒，在其外销市场上较常被调配成半甜型酒。

西班牙葡萄园

葡萄酒名庄

维加·西西里亚（Vega Sicilia）

杜罗河南岸一个海拔 700 米高的山坡，坡上坐落着维加·西西里亚的葡萄园，此地阳光充足、昼夜温差大，使得葡萄在成熟期能获得足够的酸度，用这样的葡萄酿出的酒具有成熟度好、陈年潜力强和结构雄壮的优点。葡萄园里多是老葡萄藤，平均树龄 35 年左右，部分葡萄树的树龄超过了 70 年。

橡树河畔（La Rioja Alta,S.A.）

橡树河畔酒庄酿造的葡萄酒的酒标是在风景秀丽的奥加河畔耸立着四棵橡树。橡树河畔酒庄占地 425 公顷，生产的里奥哈酒是非常名贵的红酒品牌，在世界市场上备受赞誉、销路良好。该酒颜色较深，单宁细致，结构饱满，气味芳香，令人回味无穷。

里奥哈红酒

平古斯酒

平古斯（Pingus）

平古斯酒庄的葡萄园占地 4.5 公顷，土壤为砾石土，主要葡萄品种为坦普拉尼罗。平古斯酒庄的葡萄藤多是藤龄为 80~90 年的老藤，每公顷植株为 3000~4000 株，每公顷产酒量约为 800 ~1200 升。平古斯酒颜色艳丽，多为宝石红色，果香味浓，酒体细腻。1995 年，著名酒评家罗伯特・帕克给了平古斯酒极高的评价，使得平古斯酒在国际上声名大噪，因而有些年份的平古斯酒比拉菲酒还要贵。

玛斯拉普拉纳酒的酒标

玛斯拉普拉纳（Mas la Plana）

此酒庄拥有占地面积 29 公顷的葡萄园。玛斯拉普拉纳酒主要是用赤霞珠酿造的，带有黑莓、香草的芳香，味道醇厚，单宁含量高，酒精度数高。1979 年，德国举行了葡萄酒大赛，该酒在赤霞珠项目中战胜法国拉图等名庄获得了第一名。2001 年，该酒又在评酒活动中取得了近乎满分的好成绩。

德国葡萄园

德国

德国是世界上地理位置最靠北的葡萄酒产区，因为气温很低，葡萄很难完全成熟，因此德国的红葡萄酒很难达到世界级水平，但这里却可以种植出雷司令、灰比诺、西万尼、琼瑶浆等优秀的白葡萄品种。德国目前共有13个葡萄酒产区，其中最具代表性的是莱茵高和莱茵黑森。

主产区

莱茵高（Rheingau）

莱茵高产区是享誉全球的葡萄酒产区之一，位于德国黑塞州内的莱茵河畔，地理条件得天独厚，白天葡萄园能得到充足的阳光，夜晚则笼罩在莱茵河面的雾气之中，这有助于贵腐菌的形成，而且酿造出的葡萄酒带有独特的浆果风味。莱茵高地区的葡萄园面积为3288公顷，种植了大量像雷司令这样的优质白葡萄品种，莱茵高地区内的约翰山子产区被认为是雷司令的故乡，同时，这里还拥有约翰内斯堡酒庄等大量在国际上很有名的酿酒商。

德国葡萄园

莱茵高产区的葡萄酒通常散发着浓郁的香气，酸味明显，特点鲜明，香醇雅致。莱茵高产区每年都会在女葡萄酒农之间推选“葡萄酒女王”，这个活动不仅赞颂了莱茵高地区女酿酒人的美丽容颜，更提高了其酿造出高品质葡萄酒的积极性。

莱茵高产区

莱茵黑森产区

莱茵黑森（Rheinhessen）

德国最大的葡萄酒产区为莱茵黑森，其位置在莱茵河最大的弯道处，东部和北部临莱茵河，西部是那赫河，南部靠哈尔特山脉，地理位置得天独厚，为葡萄的生长提供了良好的条件。此地葡萄园面积有2.6万多公顷，主要种植米勒－图高、西万尼和雷司令葡萄，这里种植着全世界面积最大的西万尼葡萄。

莱茵黑森酿制的葡萄酒种类比德国其他产区要多很多，从常见的红白葡萄酒到起泡葡萄酒全部都有酿制，在德国出口的葡萄酒中占据了一半的数量。莱茵黑森地区的葡萄酒特征鲜明，很容易与德国其他产区区分，口感绵软柔和、味道甘洌。圣母之乳在莱茵黑森出口的葡萄酒中是最受欢迎的，当地的大部分村庄都酿制此酒。“圣母之乳”这个酒名来源于该地的一座圣母教堂，同时它还是一座著名酒庄的名字，后来，德国多个产区所生产的半甜型葡萄酒都用这个名称。

莱茵黑森圣母之乳

在分级制度被改变之前，蓝仙姑是最有名气的圣母之乳品牌。1921 年，Sichel 家族创建了蓝仙姑这个品牌，并用非常耀眼的蓝瓶灌装，如今它已是全球知名并受欢迎的葡萄酒品牌之一。

莫塞尔 – 萨尔 – 鲁韦尔（Mosel–Saar–Ruwer）

该地区包括莫塞尔河及其支流萨尔河、鲁韦尔河流经的区域，向南的陡峭山坡上种满了葡萄树。这里是德国最著名的雷司令白葡萄酒产区。

莱茵黑森钻石金冰白葡萄酒

法兰肯区产的卡思特尔施洛斯伯格西万尼冰葡萄酒

法兰肯区产的卡思特尔施洛斯伯格西万尼干白葡萄酒

法兰肯（Franken）

法兰肯属于德国气温较低的地带，冬冷夏热的气候使得雷司令成了早熟品种。弯弯曲曲的美茵河贯穿了整个产区，葡萄园主要分布在美茵河南岸的丘陵地带和陡峭的山坡上，由于河水的反光作用，这里的葡萄更容易成熟。这里葡萄园的面积为 3900 公顷，产出的酒口味强劲而冷峻，装酒的酒瓶是扁型大肚型，很容易与其他产区的酒区分开。

巴登（Baden）

巴登区在德国的最南部，与法国的阿尔萨斯隔河相对。这里气候温暖，主要种植黑比诺和灰比诺，是德国最大的红葡萄酒产区，这里的红葡萄酒质量上乘。

葡萄酒名庄

德国的优秀酒庄很多，但都因为比较小而不为人们熟知。

伊贡·米勒（Egon Müller）

伊贡·米勒家族在莫塞尔河畔的葡萄园占地86公顷，其中最负盛名的是沙滋堡园，该园占地8.5公顷。该园生产的雷司令干白葡萄酒驰名世界，但因气候原因平均每三年才能出一次酒，而且只有几百瓶，因此显得弥足珍贵。该酒香气浓郁、细腻优雅，被誉为琼瑶玉液，在特列尔一年一度的葡萄酒拍卖会上往往赚足人们的眼球，经常被拍出高价，是世界上最贵的白葡萄酒之一。

德国玛姆庄园雷司令干白葡萄酒

德国金冰布伦冰酒

邓肯博士庄（Weingut Dr.Deinhard）

该庄位于法尔兹，是德国顶级酒庄联合会（VDP）的重要成员之一。该庄种植葡萄的面积为40公顷，由于山脉阻挡了寒冷空气的入侵，这里气候温暖、日照充足，有利于葡萄生长。该庄园的葡萄酒往往使用不同葡萄混合酿制，混合比例按照每年葡萄的收成情况决定。邓肯干型酒丰满柔润，半干型酒香气浓郁，邓肯冰酒香甜可口，沁人心脾。

海曼酒庄（Haimann）

该酒庄的葡萄园坐落在约60度的陡峭山坡上，站在坡上远望，可以看到莫塞尔河蜿蜒在山脚下。山坡上的葡萄不需要浇水，因为葡萄树已经把根扎到20米深的土壤中了，不仅可吸收到水分，而且能更多地吸收矿物质。因此这里种植的葡萄不需要使用农药和化肥，是纯天然的。

德国贝思蒙约旦酒庄克利斯白葡萄酒

加利福尼亚葡萄园

美国

美国是世界第四大葡萄酒生产国，是新世界葡萄酒生产国的代表。葡萄酒名多以所使用的酿酒葡萄品种代替，被选作酒名的葡萄品种必须要占全部原料的 75% 以上，使用的不同葡萄品种也不能超过 3 个，而且还必须列出每个品种的含量。美国早期的葡萄酒产区与行政州、郡的地界划分是一致的，全国 50 个州都有葡萄酒产出，其中加利福尼亚州酿造的葡萄酒最多，占全国总量的 89%。后来，美国又根据不同气候和地理条件划分了美国法定葡萄种植区，即 AVA 制度。为了方便标识葡萄酒，之前以州、郡划分的产区也没有被废除，故而形成了现在的 187 个指定葡萄种植区。

主产区

加利福尼亚州（California）

加利福尼亚州是美国最有名、面积最大的葡萄酒产区，囊括了美国西海岸 2/3 的面积。加州酿造葡萄酒的历史已有 150 年，19 世纪，欧洲移民和传教士来到美国西岸地区，并将葡萄引入加州。到 20 世纪 70 年代，加州葡萄酒已经在国际上小有名气，而且在 1976 年的巴黎品酒会上击败了法国名酒，一跃成为世界名酒，并延续至今。

加州纳帕谷

加州为地中海气候，阳光充裕，降水量适中，适宜霞多丽、黑比诺、美乐、赤霞珠等多种葡萄品种的生长。现今，加州的葡萄种植园面积已经超过 17.3 万公顷，拥有 107 个法定葡萄产区，其中具有代表性的是中央山谷、纳帕谷、索诺玛谷等。加州最大的葡萄酒产区是中央山谷，该产区每年都会产出数量巨大的酿酒葡萄，酒商众多。纳帕谷在美国葡萄酒产区中名气很大，这里有很多蜚声全球的酒庄，如罗斯福庄园、贝灵哲葡萄庄园、伊甸园等，其中贝灵哲葡萄庄园最值得关注，这里出产的白仙芬黛葡萄酒荣获过金奖，而且这里连续三年被封为“年度最佳葡萄酒庄园”。索诺玛谷出产的葡萄酒种类丰富，质量上乘，有雪多利白葡萄酒、卡贝纳红葡萄酒、金芬黛红葡萄酒与白葡萄酒、黑比诺红葡萄酒、格慕斯塔米娜白葡萄酒等。

加州葡萄酒的酒精度数较高，大部分葡萄酒的酒精含量都超过了 13.5％，但果味也非常浓郁，深受中国人喜爱，同时也被认为是具有世界性口味的新世界酒。

罗斯福酒庄

美国葡萄园

俄勒冈州（Oregon）

该州酿造葡萄酒的历史相对较短，但近年来发展很快，已经成为美国最优秀的葡萄酒产区之一，酿造出的葡萄酒具有浓郁的地方风味。该州与法国勃艮第的纬度相同，也生产顶级黑比诺酒。俄勒冈州的酒庄规模都较小，因此出产的葡萄酒均为纯手工小批量酿制。

华盛顿州（Washington）

21 世纪以来，该地区的葡萄酒业高速发展，1980 年华盛顿州只有 10 家庄园，2007 年则已有 500 家酒庄。华盛顿州因为纬度较高，起初主要种植雷司令、霞多丽，现在也种植赤霞珠、美乐等红葡萄。主要葡萄酒产地为亚基马山谷、哥伦比亚山谷、瓦拉瓦拉山谷。

纽约州（New York）

纽约州的葡萄园面积有 1.2 万公顷，但只有 4000 公顷的葡萄用来酿酒，其他葡萄用来制作饮料。其中长岛产区受大西洋影响，常年气候温和，种植着 1000 公顷的葡萄，以美乐、赤霞珠、霞多丽为主。长岛产区的气候特点和法国波尔多颇为相似，两地酿制出的葡萄酒又都风格清新，因此该产区堪称“纽约的波尔多”。

钻石溪酒庄葡萄酒

葡萄酒名庄

钻石溪酒庄（Diamond Creek Vineyards）

1968 年，一位名叫布朗斯坦的西药批发商在钻石山买下了一块地开始种植葡萄，并创立了钻石溪酒庄。该酒庄可分为四个园区，分别是火山园、红石园、碎石草原园和湖园。种植的葡萄以赤霞珠为主，还有部分美乐、品丽珠和味而多。

鸣鹰园（Screaming Eagle）

20 世纪 80 年代，琼・菲利普夫人在纳帕山谷的橡树镇开辟了 23 公顷的葡萄园，创建了鸣鹰园酒庄，庄名取自第二次世界大战著名的美国 101 空降师。该庄的葡萄酒采用多种葡萄混合酿制，比例为赤霞珠 88％、美乐 10％、品丽珠 2％，醇化 18 个月。该酒颜色较深，呈紫色，散发着黑醋栗和甘草的气味，酒体醇厚丰满。

鸣鹰园酒庄葡萄酒

鹿跃庄园（Stag's Leap Wine Cellars）

鹿跃庄园位于纳帕山谷，该庄面积为 18 公顷。酒庄建立于 1970 年，庄主瓦伦 · 维纳斯基是个著名的酿酒师，经验丰富。他凭借出色的酿酒经验和管理方式，很快就让酒庄声名鹊起，并在 1976 年巴黎品酒会上获得了第一名，鹿跃酒庄从此一跃成为美国最受欢迎的酒庄之一。该庄园出产的最具有代表性的酒是 23 号桶酒，主要采用赤霞珠酿制，再加少量的美乐，醇化 16 个月。色泽深红，含有咖啡、橄榄、烤烟和巧克力的味道，酒体醇厚，柔顺细腻。

山岭园（Ridge，Monte Bello Vineyard）

旧金山之南的圣十字山上坐落着山岭园，该园占地 60 公顷，地势陡峭。该地生产的顶级佳酿，在颜色、香气、味道方面都值得称赞，可以与世界级好酒一较高低。

罗伯特 · 蒙大维庄（Robert Mondavi）

1965 年，罗伯特 · 蒙大维在纳帕山谷的橡木村买下了第一个葡萄园，设立了酒庄。几十年过去了，现在该庄已拥有六个葡萄园，总面积达 600 多公顷，酿造出了 20 多种葡萄酒。

酒庄中的卡洛园占地 207 公顷，生产的赤霞珠珍藏酒非常受欢迎。该酒

罗伯特 · 蒙大维庄的作品一号

作品一号

为混合酿制，使用了 83％的赤霞珠、7％的美乐和 10％的小维多酿制，经两年陈酿，之后用法国橡木桶醇化。该酒颜色较深，带有橡木和香草的香味，酒体丰满，细腻优雅。

1976 年，罗伯特·蒙大维和木桐酒庄的菲利普·罗斯柴尔德男爵开始通力合作，蒙大维出土地、设备等硬件，罗斯柴尔德出酿酒师、技术等软件，两个庄园共同酿制葡萄酒。1984 年生产出来的第一批产品被命名为“作品一号”，其酒标别具特色，底为白色，两人头像为蓝色，还加上了两人的签名。作品一号是用赤霞珠、品丽珠、美乐三种葡萄酿造的，它们的比例分别为 85％、10％、5％，与木桐酒的比例差不多。调配好的葡萄酒要在橡木桶中醇化一年半的时间，装瓶后还要在酒窖中存放 16 个月。该酒每年生产 33 万瓶，颜色较深，带有浓郁的黑莓和橡木香味，醇厚饱满，但又柔和细腻。作品一号的风格与木桐酒很相似，但价格比木桐酒要低，性价比较高。遗憾的是两位葡萄酒巨匠都已逝世，因此不会再出现作品二号了。作品一号酒是由木桐庄来负责销售的，因此酒生产后要先运到法国，再由木桐庄向各国经销商出售。作品一号酒庄的会客室别具一格，家具和绘画都是蒙大维和罗斯柴尔德家里自用的，给客人一种宾至如归的舒适感，体现了古典与现代、美国文化和法国文化的完美结合。

澳大利亚

澳大利亚是新世界葡萄酒产酒国的重要组成国，酿酒历史较短，但产业前景很好。澳大利亚东南部是葡萄酒的主要产区，包括维多利亚、新南威尔士、南澳大利亚和西澳大利亚。18 世纪末至 19 世纪初，澳大利亚将欧洲和南非的酿酒葡萄引进种植，主要葡萄品种为赤霞珠、黑比诺、美乐、西拉等。近些年，澳大利亚还人工培育了新品种，如森娜和特宁高等。澳大利亚葡萄酒气味芬芳，口感醇厚，在世界各国都颇受欢迎。澳大利亚对酒标标识内容的管理非常严格，许多地理标志名称都受法律的保护。通常来讲，价值越高的尖端酒，其标识的葡萄产地也就越小。

澳大利亚葡萄园之一

澳大利亚葡萄园之二

主产地

南澳州（South Auatralia）

南澳州位于澳大利亚中南部。20 世纪 30 年代，南澳州成为澳大利亚葡萄酒产业的中心，出产的葡萄酒产量很大，而在这之前，维多利亚州是葡萄酒产业的中心。南澳州各地气候差异较大，靠近内地的地区气温高，降水少，而靠近海岸的地区则较为凉爽湿润，因而种植出的葡萄也各具特色，并拥有世界上最古老的葡萄藤。

奔富酒园 Bin138 红葡萄酒

南澳州又可划分出四个产区，分别是巴罗莎谷、麦嘉伦谷、古纳华拉和克来尔谷，澳大利亚最名贵、最尖端的葡萄酒几乎都是这几个产区酿造出来的。巴罗莎谷最为世人津津乐道的是生产出了澳大利亚最出名的西拉葡萄酒，其特点是口感醇厚、辛辣，适宜陈酿。另外，此产区还坐落着澳大利亚最大、最负盛名的葡萄酒酒庄奔富。奔富是澳大利亚葡萄酒的代表，它生产的“奔富酒王”和干红酿造实验两种酒为顶级名酒，不仅备受澳大利亚人的青睐，在世界各国也很受欢迎。麦嘉伦谷也生产西拉葡萄酒，而且质量也很高，麦嘉伦谷的西拉酒新鲜、复杂且带有甜美的果香，不同于巴罗莎谷的西拉酒的口感，这样能满足消费者的不同口味。古纳华拉是最早成名的南澳州赤霞珠产区，出产的赤霞珠酒很有名，特点是味道丰厚浓郁、略带泥土气息。克来尔谷最著名的葡萄品种为雷司令，产区内几乎所有的酿酒厂都酿制该品种的葡萄酒。

奔富酒园 Bin407

杰卡斯赤霞珠干红葡萄酒

新南威尔士州（New South Wales）

新南威尔士州位于澳大利亚的东南部，自 18 世纪首次有欧洲移民定居以来，一直是澳大利亚人口密度最大的州。新南威尔士州的葡萄酒业虽然不如南澳州出名，但其葡萄种植面积和葡萄酒产量逐年递增，在澳大利亚葡萄酒界发挥着越来越重要的作用。新南威尔士州著名的葡萄酒产区主要包括猎人谷、中央山脉区域、堪培拉地区和大河地区。

猎人谷

猎人谷是新南威尔士州最负盛名的葡萄酒产区，其大酒庄历史悠久，生产的葡萄酒中最具代表性的是干型猎人谷赛美蓉。该酒不采取橡木桶熟成，酸度高，令人回味无穷。此外，猎人谷还有许多家庭经营的小酒园，虽然无法生产大宗葡萄酒，但酒的质量却很好，颇受人们欢迎。

德保利猎人谷赛美蓉干白葡萄酒

奔富洛神系列葡萄酒

中央山脉区域

中央山脉区域位于新南威尔士州的西南部，酿酒历史较长，近些年葡萄酒产业突飞猛进。这里主要种植霞多丽、西拉、赤霞珠和维欧尼等葡萄，但其葡萄种植面积却一直很小，直到 20 世纪 90 年代，该地区的考兰、奥兰治和满吉产区才逐渐崛起。

澳大利亚玛丽娜博尔西拉干红葡萄酒

堪培拉地区

堪培拉地区是澳大利亚的首都行政区，于 1971 年开始种植葡萄，葡萄园的面积为 350 公顷左右，主要集中在首都堪培拉的东北侧和西北侧。现如今，堪培拉地区发展出许多酿制高品质葡萄酒的小酒厂和品鉴酒窖室，产出的葡萄酒高贵优雅。产区最出名的葡萄酒分别是用雷司令和西拉酿制的单品种酒，雷司令酒口感清新，西拉酒则味道富有层次，带有香料气味，单宁细致柔滑。另外，五克拉酒庄的西拉和维欧尼也是质量上乘的葡萄酒，该酒是用不同的葡萄混合酿制的，是一款澳大利亚的传统葡萄酒。

大河地区

大河地区位于新南威尔士州的西南部，葡萄酒产量非常大，约占全州产量的75%。尤其是大河地区的滨海沿岸产区，每年酿制的葡萄酒达数亿升，并以桶装形式出售，有力地保证了该区域葡萄酒的高产量。滨海沿岸产区有很多酒厂，包括德保利酒厂、罗塞托酒厂、卡塞拉酒厂、米兰达酒厂等，这些酒厂出产的葡萄酒无不质量上乘，特别是德保利酒厂的赛美蓉贵腐酒，其特别之处是富有浓郁的杏仁味道，余味绵长，在澳大利亚著名的甜品酒款中占有重要地位。

澳大利亚德保利圣山起泡葡萄酒

葡萄酒名庄

澳洲有很多酒庄，其中很多已发展成大型的葡萄酒出口公司。

奔富酒庄（Penfolds）

奔富酒庄 Bin28

19 世纪初，年轻医生奔富由英国移民到澳大利亚，他在巴罗萨谷种植了来自法国隆河谷的西拉葡萄，目的是酿造波特酒和雪莉酒为病人治病。经过 100 多年的发展，现在该庄已成为澳洲第一大葡萄酒生产商，该庄的酒园占地 2000 公顷，生产不同种类的葡萄酒。

该庄最名贵的酒为农庄，是第 95 号窖酒。该酒与法国颇有渊源，原名为农庄・贺米塔奇，而贺米塔奇为法国隆河谷盛产西拉的村庄。农庄酒是混合酿制的，其中西拉的使用比例最大，此外用到了少量赤霞珠，用美国全新橡木桶醇化 18~24 个月，年产量约 10 万瓶。该酒非常诱人，呈宝石红色，单宁含量较高，酒体醇厚，口感细腻。以酒窖命名的酒有 Bin707（赤霞珠）、Bin407（赤霞珠）、Bin389（赤霞珠、西拉）、Bin128（西拉）、Bin28（西拉）、Bin2（西拉）。其中中国人最爱喝的是 Bin707，其价格一路飙升。另外，用西拉和歌海娜酿造的奔富俱乐部汤尼以及用赤霞珠酿造的奔富托马斯・海兰德也备受瞩目。

亨斯科，神恩山（Henschke，Hill of Grace）

1861 年，德国移民亨斯科开始在伊甸谷种植西拉葡萄，因为葡萄园的对面是一座美丽的教堂，所以该葡萄园被命名为神恩山。该酒庄酿酒用的葡萄是手工采摘的，酿造工艺严谨，成酒柔顺细腻，香气扑鼻。

莫斯·伍德（MossWood）

1969 年，毕尔·潘纳尔博士开始在西澳的玛格丽特河岸筹建酒庄，1973 年生产出第一个年份酒。此地区的自然条件适合耐寒葡萄的生长，因此该庄主要生产赤霞珠酒，该酒带有果香，富有层次感和结构感。酒庄现已有六个葡萄园，都是用单一的葡萄品种来酿酒，质量得到了人们的肯定。

德保利猎人谷墨菲园赛美蓉干白葡萄酒

南非

南非位列世界第六大葡萄酒产区，其葡萄酒产量占世界总产量的3%。提起南非葡萄酒的起源与发展，就不得不提“南非葡萄酒之父”——开普首任总督里贝克。1655年，里贝克在南非种下了第一株葡萄，1659年，他亲自用开普葡萄酿造出第一批葡萄酒，在这之后，葡萄种植和葡萄酒酿造就在开普和其他地区逐渐兴起并发展起来。南非种植了很多种酿酒葡萄，被批准用于葡萄酒生产的约有73种，其中白葡萄品种主要有白诗南、长相思、霞多丽等，红葡萄品种主要有赤霞珠、品丽珠等，其中栽培面积最多的是白诗南，约占全国葡萄种植面积的20%，另外种植较多的是赤霞珠、长相思和霞多丽。南非的葡萄酒产区分为官方划定的大区域、地方区域和小区，大区域主要包括西开普省产区、北开普省产区、东开普省产区、夸祖鲁－纳塔尔省产区和林波波省产区。

南非葡萄园

主产区

西开普省产区（Western Cape）

南非的最南端坐落着西开普省产区，这里西面濒临大西洋，南面濒临印度洋，属于典型的地中海气候，夏季漫长炎热，冬季温暖湿润，气候条件非常有利于葡萄的生长，因此本区在南非的葡萄酒生产事业中占有举足轻重的地位。南非绝大多数的葡萄园都在这里，葡萄品种极其丰富，还有很多广为人知的产酒区域，如康斯坦提亚、帕尔、斯特兰德等。

南非葡萄园

康斯坦提亚

康斯坦提亚距开普敦市区只有20公里。1685年，开普敦第一任荷兰总督在这里建造了葡萄园，该园距今已有300多年，因此康斯坦提亚是南非最古老的葡萄酒庄园。康斯坦提亚用于酿酒的橡木桶极其讲究，是选取非洲独有的橡木制作而成的，可以保持葡萄酒的清香，因而康斯坦提亚的葡萄酒经常整桶出售。康斯坦提亚出产的葡萄酒在皇宫贵族与上流社会特别受欢迎，如法国国王路易・菲利普曾派特使到康斯坦提亚将著名的Vinde Constance葡萄酒运回法国，拿破仑被流放到圣赫勒拿岛时差不多每天都会饮用此酒。

康斯坦提亚葡萄园

南非艾瑞贝拉品乐珠干红葡萄酒

帕尔

帕尔是一个位于开普敦50公里处的小镇，那里风光旖旎，是著名酿酒合作社KWV的总部所在地，常见的酿酒葡萄种植品种有赤霞珠、西拉、皮诺塔吉、白诗南、霞多丽、白索味浓等。帕尔的葡萄酒口味丰富，可以满足不同品位的人们和不同场合的需求。

斯特兰德

斯特兰德在南非远近闻名，集中了南非最好的葡萄园和最出众的大小酒庄，几乎所有尊贵的葡萄品种在这里都能见到，因此被誉为南非的“波尔多”。斯特兰德产区属新世界产酒区，但其酿酒风格却延续了波尔多的酿造技术，在酿酒过程中常用数种葡萄进行调配，与其他的新世界酒有很大区别。斯特兰德以生产红葡萄酒为主，用赤霞珠、美乐、马尔贝克和西拉等按一定比例混酿。当然除了红葡萄酒之外，斯特兰德产区还生产一些白葡萄酒和起泡酒，其中，维利厄拉酒庄出产的起泡酒可与法国的香槟酒媲美。

南非四兄弟长相思起泡葡萄酒

稀世珍酿：世界高端葡萄酒鉴赏

编|委|会

主　编

任泉溪

副主编

任　佳　王丙杰　贾振明

编　委

玮　珏　苏　易　张怡轩

陶若珑　王炜宁　王俊宇

白若贤　叶晓雯　白　羽